全国高等职业学校机械类专业

机械制造基础（第三版）习题册

崔兆华　主编

中国劳动社会保障出版社

简介

本习题册为全国高等职业学校机械类专业教材《机械制造基础（第三版）》的配套用书。本习题册紧扣教学要求，按照模块顺序编排，知识点分布均衡，题型丰富多样，难易配置适当，有助于学生复习巩固所学知识。

本习题册由崔兆华任主编，武玉山、郭磊参加编写，夏洪雷任主审。

图书在版编目（CIP）数据

机械制造基础（第三版）习题册 / 崔兆华主编 .-- 北京：中国劳动社会保障出版社，2022
全国高等职业学校机械类专业
ISBN 978-7-5167-5522-8

Ⅰ.①机… Ⅱ.①崔… Ⅲ.①机械制造－高等职业教育－习题集 Ⅳ.①TH-44

中国版本图书馆 CIP 数据核字（2022）第 174295 号

中国劳动社会保障出版社出版发行
（北京市惠新东街 1 号　邮政编码：100029）
*
北京汇林印务有限公司印刷装订　　新华书店经销
787 毫米 ×1092 毫米　16 开本　8.75 印张　203 千字
2022 年 10 月第 1 版　　2025 年 5 月第 3 次印刷
定价：17.00 元

营销中心电话：400-606-6496
出版社网址：http://www.class.com.cn
http://jg.class.com.cn

目　录

模块一　金属材料的性能

课题一　金属材料的力学性能

一、填空题（将正确答案填写在横线上）

1．金属材料的性能包括使用性能和工艺性能两大类，使用性能主要包括______性能、______性能和力学性能等。

2．工业上常通过__________试验来测定强度和塑性指标。

3．金属材料受到载荷作用而产生的几何形状和尺寸的变化称为______。

4．随载荷的作用而产生、随载荷的去除而消失的变形称为______变形。不能随载荷的去除而消失的变形称为______变形。

5．拉伸试验中得出的拉伸载荷与________的关系曲线称为拉伸曲线，又称拉伸图。

6．外力大于 F_e 后，试样发生塑形变形；当外力增加到 F_{eL} 后，曲线为锯齿状，这种拉伸力不增加变形却继续增加的现象称为______。

7．当外力达到最大力 F_m 后，试样的某一直径处发生局部收缩，称为______。

8．在拉伸试验过程中，载荷不增加（或保持恒定），试样仍能继续伸长时的应力称为____________。

9．试样拉断后，标距的伸长量与________________的百分比称为断后伸长率。

10．断面收缩率是指试样______处横截面积的缩减量与原始横截面积的百分比。

11．硬度的试验方法很多，大体上可分为压入法、______法、______法等。生产上压入法应用最广泛，主要有______硬度、______硬度、______硬度等试验方法。

12．600HBW1/30/20 表示用直径为____mm 的硬质合金球，在 294.2 N（30 kgf）试验力的作用下，保持______s 时测得的布氏硬度值为 600。

13．350HBW5/750 表示用直径为____mm 的硬质合金球，在 7 355 N（750 kgf）试验力的作用下，保持________s 时测得的布氏硬度值为 350。

14．常用的洛氏硬度标尺中，____标尺应用最为广泛。

15．45HRC 表示用______标尺测定的洛氏硬度值为______。

16．目前，常用一次摆锤冲击试验来测定金属材料的______________。

17．冲击吸收功 A_K 除以试样缺口处的横截面积（S_o），即可得到材料的冲击韧度，用符号______表示，单位为______。

二、判断题（正确的打“√”，错误的打“×”）

1．金属材料的工艺性能是零件设计、选材和验收的主要依据，直接关系到零件能否正

常使用。（ ）

2. 静载荷是指大小不变或变化缓慢的载荷。（ ）

3. 交变载荷是指大小、方向或大小和方向都随时间发生周期性变化的载荷。（ ）

4. 强度的大小通常用应力来表示。（ ）

5. 对于无明显屈服现象的金属材料，国家标准 GB/T 228.1—2021 规定，可用规定残余延伸强度 $R_{r0.2}$ 表示。（ ）

6. 通常以屈服强度或规定残余延伸强度作为机械零件设计和选材的主要依据。（ ）

7. 零件在工作中所承受的应力允许超过其抗拉强度。（ ）

8. 同一材料的试样长短不同，测得的断后伸长率是相同的。（ ）

9. 断面收缩率受试样尺寸的影响，不能确切地反映金属材料的塑性。（ ）

10. 断后伸长率（A）与断面收缩率（Z）数值越大，表示金属材料的塑性越好。（ ）

11. 钢的塑性较好，能通过锻造成型。铸铁的塑性几乎为零，所以不能进行锻造成型加工。（ ）

12. 洛氏硬度符号为 HBW，其测量范围在 650HBW 以下。（ ）

13. 布氏硬度试验主要用于测定原材料或半成品的硬度，适用于测量铸铁、有色金属以及退火、正火、调质的钢等。（ ）

14. 实际测量时，洛氏硬度值需要从专门的硬度表中查出。（ ）

15. 各种不同标尺的洛氏硬度值不能直接进行比较，但可用经试验测定的换算表相互比较。（ ）

16. 洛氏硬度试验适用于测量各微小部分性能不均匀的材料。（ ）

17. 实际试验时，维氏硬度值与布氏硬度值一样，不用计算，而是根据压痕对角线长度从表中直接查出。（ ）

18. 维氏硬度因试验时所加的试验力较小，压入深度较浅，故可测量较薄的材料。（ ）

19. 拉伸试验和硬度试验都属于动载荷试验。（ ）

20. 金属材料的韧脆转变温度越低，其低温冲击韧性越差。（ ）

三、选择题（将正确答案的代号填写在括号内）

1. 磁性属于金属的（ ）性能。

A. 物理　B. 化学　C. 力学

2. 在选择和制定零件的加工工艺方法时，需要考虑材料的（ ）性能。

A. 物理　B. 力学　C. 工艺

3. 在短时间内以较高速度作用于工件上的载荷称为（ ）。

A. 静载荷　B. 冲击载荷　C. 交变载荷

4.（ ）表示卸除载荷后试样的规定残余延伸率达到 0.2% 时的应力。

A. R_{eH}　B. $R_{r0.2}$　C. R_{eL}

5.（ ）硬度可直接从硬度计表盘上读出。

A. 布氏　B. 洛氏　C. 维氏

6．测量（　　）硬度时，其压头为正四棱锥体。

A．布氏　　B．洛氏　　C．维氏

四、名词解释

1．强度

2．抗拉强度

3．塑性

4．硬度

5．冲击韧性

五、简答题

1．什么是金属的力学性能？金属的力学性能包括哪些？

2．根据作用性质的不同，载荷可分为哪几类？

3．低碳钢的拉伸曲线包含哪几个变形阶段？

4. 衡量强度的常用指标有哪些？各用什么符号表示？

5. 衡量塑性的指标有哪些？各用什么符号表示？

6. 常用的洛氏硬度标尺有哪三种？各适用于测定哪些材料的硬度？

7. 在实际生产中，为什么硬度试验比拉伸试验更实用？

8. 试选择下列材料的硬度测试方法。

（1）灰铸铁件

（2）手用钢锯条

（3）硬质合金刀片

（4）铝合金半成品

六、计算题

1. 某厂购进一批 40 钢，按照国家标准规定，其力学性能应符合以下要求：$R_{eL} \geqslant 340$ MPa，$R_m \geqslant 540$ MPa，$A \geqslant 19\%$，$Z \geqslant 45\%$。验收时，用该材料制成 d=10 mm 的短试样进行拉伸试验，当载荷达到 28 260 N 时，试样产生屈服现象；载荷加至 45 530 N 时，试样产生颈缩现象，然后被拉断。拉断后标距长度为 60.5 mm，断裂处直径为 7.3 mm。试计算这批钢材是否合格。

2. 有一直径 d=10 mm，标距长度 L_o=100 mm 的低碳钢试样，进行拉伸试验时测得 F_{eL}=21 kN，F_m=29 kN，试样拉断后颈缩处横截面直径 d_u=5.65 mm，试样拉断后的标距长度 L_u=138 mm。求此试样的 R_{eL}、R_m、$A_{11.3}$、Z。

课题二　金属材料的工艺性能

一、填空题（将正确答案填写在横线上）

1．工艺性能是指金属材料对不同加工工艺方法的适应能力，它包括______性能、______性能、______性能和________性能等。

2．熔融金属的______能力称为流动性，它主要受金属化学成分和______温度等的影响。

3．铸件在凝固和冷却过程中体积和尺寸减小的现象称为________。

4．金属凝固后，内部化学成分和组织不均匀的现象称为________。

二、判断题（正确的打"√"，错误的打"×"）

1．用T12钢制造锉刀时，应在锻造后对T12钢毛坯进行球化退火，以降低钢的硬度，改善切削加工性能。（　）

2．流动性好的金属容易充满铸型，从而获得外形完整、尺寸精确、轮廓清晰的铸件。（　）

3．铸件收缩不仅影响尺寸精度，还会使铸件产生缩孔、疏松、内应力、变形或开裂等缺陷。（　）

4．用于铸造的金属材料，其收缩率越大越好。（　）

5．偏析现象不影响铸件的质量。（　）

6．塑性越好，塑性变形抗力越小，金属材料的锻造性能越好。（　）

7．实践证明，碳当量越高，钢材的焊接性能越好。（　）

8．一般认为，金属材料具有适当的硬度（160 ~ 230HBW）和足够的脆性时较易切削。（　）

三、选择题（将正确答案的代号填写在括号内）

1．下列选项中（　）不能锻造。

A．铸铁　　B．非合金钢　　C．银

2．下列选项中焊接性能最好的是（　）。

A．铸铁　　B．中碳钢　　C．高碳钢

四、简答题

1．什么是金属材料的铸造性能？衡量铸造性能的主要指标有哪些？

2．什么是金属材料的锻造性能？锻造性能的好坏主要与哪些因素有关？

3．什么是金属材料的焊接性能？评定钢材焊接性能的参考性指标是什么？

4．什么是金属材料的切削加工性能？影响切削加工性能的因素主要有哪些？

模块二　金属学的基本知识

课题一　金属的晶体结构

一、填空题（将正确答案填写在横线上）

1. 物质都是由原子（或分子）组成的，原子（或分子）的排列方式和空间分布称为______。

2. 自然界中的固态物质，根据其内部原子或分子的聚集状态不同，可分为________与________两大类。

3. 晶格是由许多形状、大小相同的______重复堆积而成的。

4. 在晶格中由一系列原子中心所构成的平面称为______。通过任意两个原子中心并指示出方向的直线称为______。

5. 金属性能的差异实质上是其__________的差异造成的。

6. 体心立方晶格的晶胞是一个________体，晶格常数 $a=b=c$，晶轴间夹角 $\alpha=\beta=\gamma=$______。

7. 在体心立方晶胞的八个顶角和________的中心各有一个原子。在面心立方晶胞的八个顶角和________的中心各有一个原子。

8. 密排六方晶格的晶胞是一个__________体。

9. 晶粒的外形呈________颗粒状，相邻晶粒之间的界面称为________。

10. 组成合金的最基本的独立物质称为______。

11. 根据组元数目的多少，合金可分为____元合金、____元合金和____元合金。

12. 当组元不变，而组元比例发生变化时，可以得到一系列不同成分的合金，称为________。

13. 合金中化学成分、结构及性能相同的均匀部分称为____，不同的相之间有明显的______。

14. 合金的组织是指合金中不同______、______、大小、数量和分布方式的相，相互组合而成的综合体。

15. 合金的性能一般由组成合金各相的______、______、______、性能及各相的组合情况共同决定。

16. 固态合金的相可分为________和______________两大类。

17. 合金在固态下，组元间仍能互相溶解而形成的均匀相称为______。

18. 根据溶质原子在溶剂晶格中所处位置的不同，固溶体可分为______固溶体和______固溶体两类。

19. 溶质原子代替部分溶剂原子，占据溶剂晶格中的某些结点位置而形成的固溶体称为______固溶体。

20. 溶质原子分布于溶剂晶格间隙之中而形成的固溶体称为______固溶体。

21. 以金属化合物作为强化相强化金属材料的方法称为________强化。

22. 通过溶入溶质元素形成固溶体而使金属材料强度、硬度提高的现象称为__________。

二、判断题（正确的打“√”，错误的打“×”）

1. 食盐、水晶、天然金刚石、固态金属等都是晶体。（ ）

2. 晶体的外形一定都是规则的。（ ）

3. 非晶体在各方向上的原子聚集密度大致相同，因此，就表现出各向同性。（ ）

4. 晶体不能转化为非晶体，非晶体也不能转化为晶体。（ ）

5. 非晶态玻璃在高温下长时间加热后可以变为晶态玻璃。（ ）

6. 同一种金属材料，在不同的条件下其性能也是相同的。（ ）

7. 具有体心立方晶格的金属的塑性优于具有面心立方晶格的金属。（ ）

8. 具有密排六方晶格的金属一般较脆。（ ）

9. 普通黄铜是由两个组元组成的二元合金。（ ）

10. 组织可由单相组成，也可由两个或两个以上的相组成。（ ）

11. 一般来说，若两者晶格类型相同，原子半径差别小，在化学元素周期表中位置近，则溶解度大，甚至可以形成无限固溶体。（ ）

12. 有限固溶体的溶解度与温度有密切关系，一般温度越高，溶解度越大。（ ）

13. 金属化合物的晶格类型不同于任一组元，其性能特点是熔点较高，硬而脆。（ ）

三、选择题（将正确答案的代号填写在括号内）

1. 下列选项中属于晶体的是（ ）。
A. 普通玻璃 B. 松香 C. 石蜡 D. 雪花

2. 下列选项中（ ）的晶格属于体心立方晶格。
A. α-Fe B. γ-Fe C. Ni D. Cu

3. 下列选项中（ ）的晶格属于面心立方晶格。
A. α-Fe B. γ-Fe C. Cr D. Mo

4. 下列选项中（ ）的晶格属于密排六方晶格。
A. α-Fe B. γ-Fe C. Mg D. Mo

5. 实际金属晶体中出现的各种不规则原子排列的现象称为（ ）。
A. 晶体缺陷 B. 各向异性
C. 各向同性 D. 伪各向同性

6. 1 Å 等于（ ）m。
A. 10^{-3} B. 10^{-5} C. 10^{-7} D. 10^{-10}

四、名词解释

1. 晶体

2. 非晶体

3. 晶格

4. 单晶体

5. 多晶体

6. 合金

7. 金属化合物

五、简答题

1. 试比较晶体和非晶体，两者有什么区别？

2．金属晶格的常见类型有哪几种？试绘出它们的晶胞示意图。

3．实际金属中的晶体缺陷有哪几种？它们对金属的力学性能有什么影响？

课题二　纯金属的结晶

一、填空题（将正确答案填写在横线上）

1．物质从液态到固态的转变过程称为__________，如果通过凝固形成晶体，则称为______。

2．从冷却曲线可知，金属的实际结晶温度 T_n 总是低于理论结晶温度 T_0，这种现象称为______现象。理论结晶温度 T_0 和实际结晶温度 T_n 之差（$\Delta T=T_0-T_n$）称为______。

3．工业上把利用细化晶粒来强化金属材料的方法称为__________。

4．锻造性能的好坏主要与金属材料的________和________抗力有关。

5．由同素异构转变所得到的不同晶格的晶体称为该金属的____________。

6．钢铁材料是机械制造工业中应用最广泛的金属材料，它们都是以____和____两种元素为主要元素的合金。

二、判断题（正确的打“√”，错误的打“×”）

1．金属结晶时过冷度的大小与冷却速度有关。冷却速度越快，金属的实际结晶温度越低，过冷度也就越大。（　　）

2．往钢液中加入钛、锆、铝等，往铸铁液中加入硅铁、硅钙等均能起到细化晶粒的作用。（　　）

三、选择题（将正确答案的代号填写在括号内）

1. 纯铁的磁性转变点（居里点）温度为（　　）℃。

A. 1 538　　B. 1 394　　C. 912　　D. 770

2. δ-Fe 转变为面心立方晶格的 γ-Fe 的温度是（　　）℃。

A. 1 538　　B. 1 394　　C. 912　　D. 770

3. γ-Fe 转变为体心立方晶格的 α-Fe 的温度是（　　）℃。

A. 1 538　　B. 1 394　　C. 912　　D. 770

四、简答题

1. 纯金属的结晶由哪两个基本过程组成？

2. 金属晶粒的大小取决于哪些因素？

3. 晶粒大小对金属的力学性能有什么影响？细化晶粒的常用方法有哪几种？

4. 什么是金属的同素异构转变？

5. 试说出纯铁同素异构转变的温度及在不同温度范围内的晶体结构。

课题三　铁碳合金的基本组织

一、填空题（将正确答案填写在横线上）

1．铁碳合金的基本组织有______体、______体、______体、珠光体和莱氏体。其中______体、______体、______体为单相组织，即铁碳合金的基本相；______体和______体为两相组织。

2．铁素体在______℃以下具有铁磁性，在______℃以上则失去铁磁性。

二、判断题（正确的打“√”，错误的打“×”）

1．由于 α-Fe 是体心立方晶格，晶格间隙较小，因而碳在 α-Fe 中的溶解度很小。（　　）

2．奥氏体的性能与其溶碳量及晶粒大小无关。（　　）

3．渗碳体在适当条件下（如高温长期停留或缓慢冷却）能分解为铁和石墨。（　　）

三、选择题（将正确答案的代号填写在括号内）

1．在 727 ℃时，α-Fe 中的最大溶碳量为（　　）%。

A．0.021 8　　B．2.11　　C．0.77　　D．6.69

2．渗碳体的熔点为（　　）℃。

A．1 538　　B．1 394　　C．1 227　　D．770

四、简答题

什么是铁素体、奥氏体、渗碳体、珠光体和莱氏体？它们各用什么符号表示？它们的性能特点是什么？

课题四　铁碳合金相图

一、填空题（将正确答案填写在横线上）

1. Fe–Fe_3C 相图中的纵坐标表示______，横坐标表示________。

2. *ACD* 线（液相线）以上区域全部为液相，用____表示。液态合金冷却到此线开始结晶，在 *AC* 线以下从液相中结晶出________，在 *CD* 线以下结晶出________。

3. 液相线与固相线之间为液态合金的______区域。这个区域内液态合金与固相共存，*AEC* 区域内为液态合金与______，*CDF* 区域内为液态合金与______。

4. 在______℃时，碳在奥氏体中的溶解度为最大溶解度 2.11%，在______℃时降到 0.77%。

5. 碳含量小于 0.021 8% 的铁碳合金称为________，其室温组织是铁素体。

6. 碳含量为 0.021 8% ~ 2.11% 的铁碳合金称为________。碳含量为 2.11% ~ 6.69% 的铁碳合金称为________。

7. 亚共析钢的室温组织由______和______组成。

8. 根据铁碳合金相图的分析，铁碳合金的室温组织都是由______和______两相组成的。

9. 碳含量越高，钢的强度和硬度______，而塑性和韧性______。

二、判断题（正确的打“√”，错误的打“×”）

1. 碳含量大于 6.69% 的铁碳合金脆性很大，没有实用价值。（　）
2. 随着碳含量的增加，铁素体的量逐渐增加，而渗碳体的量则逐渐减少。（　）
3. 为了保证工业上使用的钢具有足够的强度，并具有一定的塑性和韧性，钢中的碳含量一般不超过 1.4%。（　）
4. 若需要塑性、韧性好的材料，应选用碳含量较高的钢。（　）
5. 若需要强度高、塑性和韧性都较好的材料，应选用碳含量适中的钢。（　）
6. 若需要硬度高、耐磨性好的材料，应选用碳含量较高的钢。（　）
7. 钢材的锻造应选择在单相奥氏体区的适当温度范围内进行。（　）
8. 对于钢材来说，碳含量越高，焊接性能越好。（　）
9. 白口铸铁中 Fe_3C 含量太多，故焊接性能差。（　）

三、选择题（将正确答案的代号填写在括号内）

1. 纯铁的熔点为（　　）℃。

　A．1 538　　B．1 394　　C．1 227　　D．770

2. 渗碳体的熔点为（　　）℃。

　A．1 538　　B．1 394　　C．1 227　　D．770

3. 共析钢在室温时的组织是（　　）。

A．渗碳体　　B．铁素体　　C．珠光体　　D．奥氏体

4．共析钢的碳含量应满足（　　）。

A．$w_C < 0.021\,8\%$　　B．$0.021\,8\% \leqslant w_C < 0.77\%$

C．$w_C=0.77\%$　　D．$0.77\% < w_C \leqslant 2.11\%$

5．共晶白口铸铁的碳含量应满足（　　）。

A．$w_C < 2.11\%$　　B．$2.11\% < w_C < 4.3\%$

C．$w_C=4.3\%$　　D．$4.3\% < w_C < 6.69\%$

6．白口铸铁中都存在（　　）组织，具有很高的硬度和脆性，既难以切削加工，也不能锻造。

A．渗碳体　　B．莱氏体　　C．奥氏体　　D．铁素体

四、简答题

1．什么是铁碳合金相图？试绘制简化后的 $Fe-Fe_3C$ 相图。

2．根据 $Fe-Fe_3C$ 相图，填写表 2-1 中各特性点的温度、碳含量及含义。

表 2-1

特性点	温度 /℃	w_C/%	含　义
A			
C			
D			
E			
G			
P			
S			
Q			

3．根据 $Fe-Fe_3C$ 相图，填写表 2–2 中各特性线的含义。

表 2–2

特性线	含　义
ACD	
AECF	
GS	
ES	
PQ	
ECF	
PSK	

4．什么是共析转变和共晶转变？试写出铁碳合金的共析转变式与共晶转变式。

5．根据 $Fe-Fe_3C$ 相图判断，钢分为哪几类？试述它们的碳含量范围和室温组织。

6．根据 Fe–Fe_3C 相图判断，白口铸铁分为哪几类？试述它们的碳含量范围和室温组织。

7．图 2–1 所示为亚共析钢（w_C=0.45%）的冷却曲线和室温组织示意图，试分析亚共析钢从液态缓慢冷却到室温的组织转变过程。

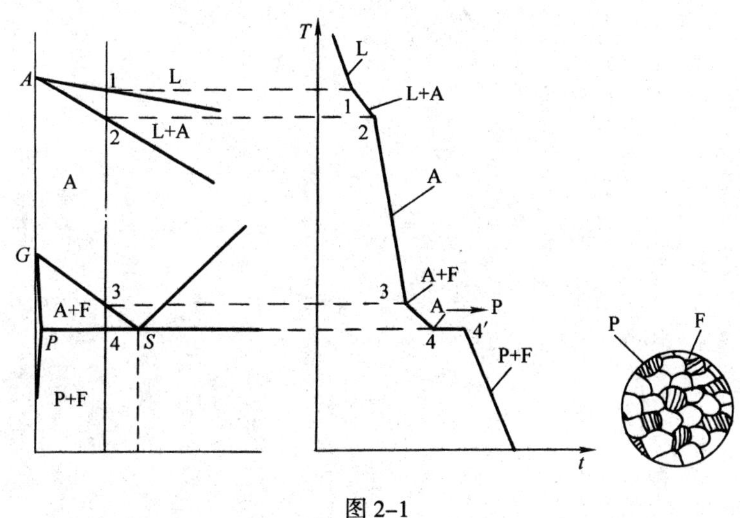

图 2–1

8．根据 Fe–Fe_3C 相图，在表 2–3 中填上不同碳含量的钢在所给温度下的显微组织名称。

表 2–3

w_C /%	温度 /℃	显微组织	温度 /℃	显微组织
0.25	800		900	
0.77	700		800	
1.20	700		800	

9．Fe–Fe_3C 相图在生产实践中有什么用途？

模块三　钢的热处理

课题一　概　　述

一、填空题（将正确答案填写在横线上）

1. 对于亚共析钢或过共析钢来说，加热至 Ac_1 ~ Ac_3 或 Ac_1 ~ Ac_{cm} 时，将得到奥氏体和铁素体或奥氏体和二次渗碳体组织，称为______________。

2. 表示过冷奥氏体等温转变的温度、时间与转变产物之间关系的曲线称为________。

3. 等温转变图的纵坐标表示______，横坐标表示______。

4. 贝氏体有上贝氏体和下贝氏体之分，通常把__________范围内形成的贝氏体称为上贝氏体，用符号________表示；在____________范围内形成的贝氏体称为下贝氏体，用符号______表示。

5. 奥氏体化后的钢被迅速过冷到 *Ms* 以下时，奥氏体转变为________。

6. 固溶在奥氏体中的碳转变后原封不动地保留在铁的晶格中，形成碳在 α-Fe 中的过饱和固溶体，称为________，用符号______表示。

7. 马氏体的硬度主要取决于马氏体中的________。

二、判断题（正确的打“√”，错误的打“×”）

1. 在实际的加热和冷却条件下，钢的组织转变总有滞后现象，在加热时高于 $Fe-Fe_3C$ 相图上的临界点，而在冷却时低于相图上的临界点。（　　）

2. 热处理加热后的保温阶段不仅是为了使工件热透，也是为了使组织转变完全及奥氏体成分均匀。（　　）

3. 钢经加热获得奥氏体组织后，在不同的冷却条件下冷却，可获得不同的力学性能。（　　）

4. 过冷奥氏体在不同温度下进行转变，获得相同的组织。（　　）

5. 珠光体的力学性能主要取决于片层间距的大小。片层间距越小，则强度、硬度越高，塑性和韧性也越好。（　　）

6. 下贝氏体的硬度可达 45 ~ 55HRC，且强度、塑性、韧性均高于上贝氏体。（　　）

7. 碳含量高（$w_C > 1.0\%$）的马氏体，在显微镜下呈板条状。（　　）

三、选择题（将正确答案的代号填写在括号内）

1. 下贝氏体在显微镜下呈（　　）。

A. 针状　　B. 羽毛状　　C. 条状　　D. 粗片层状

2．上贝氏体在显微镜下呈（　　）。

A．羽毛状　　B．细片层状　　C．针状　　D．粗片层状

四、简答题

1．什么是热处理？在机械制造业中热处理工艺有什么用途？

2．热处理工艺由哪几个阶段组成？试绘制热处理工艺曲线。

3．热处理能使钢的性能发生变化的根本原因是什么？

4．什么是钢的奥氏体化？简述奥氏体的形成。

5. 什么是马氏体？马氏体有哪两种基本类型？它们的性能有什么特点？

课题二　钢的退火与正火

一、填空题（将正确答案填写在横线上）

1. 根据热处理在工序中的位置，常把热处理分为______热处理和______热处理两类。

2. 为使工件满足使用条件下的性能要求而进行的热处理称为______热处理。

3. 完全退火是将钢加热到 Ac_3 以上________℃（完全奥氏体化），保温一定时间，随后缓慢冷却，以获得接近平衡状态组织的工艺方法。

4. 球化退火是将钢加热到 Ac_1 以上________℃，保温一定时间，然后缓慢冷却，使钢中碳化物呈球状（粒状）的工艺方法。

5. 对网状渗碳体偏多的钢，应在球化退火前进行一次______，以消除网状渗碳体，再进行球化退火。

6. 去应力退火是将钢加热到 Ac_1 以下某一温度（一般取__________℃），保温一定时间后缓慢冷却的工艺方法。

7. 对于高碳工具钢、滚动轴承钢，应选用__________作为预先热处理。

二、判断题（正确的打"√"，错误的打"×"）

1. 过共析钢不宜采用完全退火，因为过共析钢完全退火需加热到 Ac_{cm} 以上，在缓慢冷却时，钢中将析出网状渗碳体，使钢的力学性能降低。（　）

2. 一般认为，硬度在 160 ~ 230HBW 范围内的钢材的切削加工性最好。（　）

3. 在实际生产中，有时退火与正火可以相互替代。（　）

4. 一般来说，对于低碳成分的钢选用退火为宜。（　）

5. 对于形状复杂或尺寸较大的工件宜采用正火。（　）

三、选择题（将正确答案的代号填写在括号内）

1. 球化退火得到的组织是（　　）。

A．奥氏体　　B．铁素体　　C．渗碳体　　D．珠光体

2．用于消除铸件、锻件、焊接件等内应力的热处理工艺是（　　）。

A．完全退火　　B．球化退火　　C．去应力退火　　D．正火

3．由于（　　）温度低于 Ac_1，因此钢的组织不发生变化，只是消除内应力。

A．去应力退火　　B．完全退火　　C．球化退火　　D．正火

四、简答题

1．什么是退火？退火的主要目的是什么？

2．常用的退火方法有哪些？各自的目的是什么？

3．什么是正火？正火与退火有什么区别？

4．正火的主要目的有哪些？

5．选用退火与正火时主要从哪些方面考虑？

课题三　钢的淬火与回火

一、填空题（将正确答案填写在横线上）

1. 将钢件奥氏体化后，在单一淬火介质中冷却到室温的淬火方法称为____________。

2. 单介质淬火时非合金钢一般用____作为冷却介质，合金钢可用____作为冷却介质。

3. 钢的淬硬性主要取决于马氏体的________。

4. 低碳钢淬火后的最高硬度值低，淬硬性____；高碳钢淬火后的最高硬度值高，淬硬性____。

5. 钢在淬火加热时，由于加热温度过高或高温下停留时间过长而发生奥氏体晶粒显著______的现象称为过热。

6. 加热温度达到固相线附近，使晶界氧化并部分熔化的现象称为______。

7. 淬火________是造成工件变形和开裂的原因。

8. 回火时，决定钢的组织和性能的主要因素是__________。

9. 生产中常把淬火及高温回火的复合热处理工艺称为______。

10. 常见的渗碳方法有______渗碳、______渗碳和______渗碳等。

11. 根据加热方法的不同，常用的表面淬火分为______加热表面淬火和______加热表面淬火等，其中以______加热表面淬火应用最广泛。

12. 感应加热表面淬火的淬硬层深度主要取决于__________。

13. 为保证工件心部的力学性能，渗氮前工件应进行______处理。

二、判断题（正确的打“√”，错误的打“×”）

1. 如果亚共析钢的淬火加热温度过高，会引起奥氏体晶粒粗化，淬火后马氏体的组织粗大，使钢脆化。　（　）

2. 双介质淬火的优点是内应力小，可防止工件的变形及开裂。　（　）

3. 由于盐浴或碱浴的冷却能力较差，因而马氏体分级淬火主要应用于形状复杂而尺寸较小的工件。　（　）

4. 贝氏体等温淬火常用来处理形状复杂或尺寸要求精确而尺寸较小的工件，如各种模具和成形刀具等。　（　）

5. 淬透性好的钢较淬透性差的钢易于整体淬硬。　（　）

6. 非合金钢的淬透性比合金钢的淬透性好。　（　）

7. 淬硬性和淬透性是具有相同含义的两个概念。　（　）

8. 过热可以用正火予以纠正，而过烧后的工件只能报废。　（　）

9. 钢硬度不足是加热温度过高、保温时间过长、冷却速度过快或表面脱碳等原因造成的。　（　）

10. 正火钢与调质钢相比，不仅强度较高，而且塑性、韧性远高于后者。　（　）

11. 一般来说，回火钢的性能只与加热温度有关，而与冷却速度无关。　（　）

12．零件在表面淬火前一般先进行正火或调质。（ ）

13．工件渗碳后必须进行淬火及低温回火。（ ）

14．渗氮通常作为工艺路线中的最后一道工序，渗氮后一般不再进行其他热处理。（ ）

三、选择题（将正确答案的代号填写在括号内）

磨床主轴、镗床镗轴等以及在腐蚀性介质中工作的零件常采用（ ）工艺。

A．渗碳　　B．渗氮

C．渗金属　　D．碳氮共渗

四、名词解释

1．淬火

2．回火

3．渗碳

4．渗氮

五、简答题

1．淬火的主要目的是什么？

2．亚共析钢的淬火加热温度如何确定？原因是什么？

3．共析钢和过共析钢的淬火加热温度如何确定？原因是什么？

4．常用的淬火冷却方法有哪几种？说明它们的适用范围。

5．什么是淬透性？影响淬透性的主要因素是什么？

6．常见的淬火缺陷有哪些？

7．回火的目的是什么？

8．常用的回火方法有哪几种？说明各种回火方法得到的组织和适用范围。

9．什么是表面淬火？根据加热方法的不同，常用的表面淬火分为哪几类？

10．什么是感应加热表面淬火？感应加热表面淬火最适用于哪些材料？在感应加热表面淬火前需要进行什么热处理？

11．什么是化学热处理？其基本过程是什么？常用的化学热处理方法有哪几种？

12．45 钢机床主轴、65 钢弹簧、T10 钢锯条三种工件在淬火后应采用哪种回火方法？说明回火后的组织和大致硬度。

13．现有一根用 45 钢制造的轴，成品硬度要求达到 210 ~ 250HBW。其加工工艺路线如下：备料→锻造→热处理（一）→粗加工→热处理（二）→半精加工→精加工。试说明该工艺路线中热处理工序的具体内容和作用。

模块四　常用金属材料

课题一　结构钢的分类、牌号及选用

一、填空题（将正确答案填写在横线上）

1. 工业中使用的金属材料分为______金属、______金属和粉末冶金材料。

2. 通常把铁及其合金称为_________金属（主要指钢和铸铁），而把其余金属统称为______金属，如铝、铜、镁、钛、锡、铅、锌等及其合金。

3. 非合金钢即碳素钢，是指碳含量为_________的铁碳合金。

4. 按合金元素的总含量不同，可将合金钢分为_____________、_____________和___________。

5. 根据钢中有害元素硫、磷的含量多少，钢可分为_____________、_____________和___________。

6. 齿轮的失效形式有_________、_________、轮齿折断。

7. 硅能溶于铁素体，可提高钢的强度和硬度，所以硅是钢中的______元素。

8. 淬火钢在回火时，抵抗强度和硬度下降的能力称为___________。

9. 结构钢按用途及性能特点分为_________用钢和_________用钢。

10. 工程结构用钢主要有______结构钢和____________结构钢等。

11. 机械结构用钢按成分可分为_________结构钢和机械结构用合金钢。

12. 脱氧方法符号用 F、b、Z、TZ 表示，F 表示_________，b 表示半镇静钢，Z 表示_________，TZ 表示特殊镇静钢。

13. 低合金高强度结构钢的牌号表示方法为 Q+____________+ 质量等级符号。

14. 45 钢表示平均碳含量为_____的优质碳素结构钢。

15. 20CrMnMo 钢中平均碳含量为______，铬、锰、钼的平均含量均小于______。

16. 在合金弹簧钢中加入硅、锰、铬、钒等合金元素的主要目的是提高钢的_________和______________，以提高钢的强度。

17. GCr9 表示平均铬含量为 0.9% 的____________。

18. 铸造碳钢的牌号表示方法为“ZG”（“铸钢”汉语拼音首字母）后面加两组数字组成。第一组数字代表____________值，第二组数字代表__________值。

二、判断题（正确的打“√”，错误的打“×”）

1. 结构钢的碳含量一般在 0.70% 以下，工具钢的碳含量一般在 0.70% 以上。（　　）

2. 锰是钢中的有害元素。（　　）

3. 除锰外，几乎所有的合金元素都抑制钢在加热时奥氏体晶粒的长大，达到细化晶粒的目的。 (　　)

4. 在同一温度回火时，非合金钢比相同碳含量的合金钢具有更高的强度和硬度。 (　　)

5. 20Cr 钢用于制造受力不太大，不需要很高强度的耐磨零件，如机床齿轮、活塞销等。 (　　)

6. 40Cr 钢常用于制造中等截面、承受交变载荷的工件。 (　　)

三、选择题（将正确答案的代号填写在括号内）

1. 造成钢材热脆现象的元素是（　　）。

A. 硅　　B. 硫　　C. 锰　　D. 磷

2. 造成钢材冷脆现象的元素是（　　）。

A. 硅　　B. 硫　　C. 锰　　D. 磷

3. Q235–A· F 中的 F 表示（　　）。

A. 沸腾钢　　B. 半镇静钢　　C. 镇静钢　　D. 特殊镇静钢

4. ZG270–500 表示屈服强度不小于 270 MPa，抗拉强度不小于 500 MPa 的（　　）。

A. 滚动轴承钢　　B. 铸造碳钢　　C. 弹簧钢　　D. 调质钢

四、简答题

1. 什么是疲劳强度？提高疲劳强度最有效的方法有哪些？

2. 合金钢中合金元素的主要作用有哪些？

3. 碳素结构钢的牌号由哪几部分组成？各表示什么含义？

4. 机械结构用合金钢的牌号由哪几部分组成？各表示什么含义？

5. 在合金渗碳钢中各类合金元素的作用是什么？

6. 在合金调质钢中各类合金元素的作用是什么？

课题二　工具钢与硬质合金的分类、牌号及选用

一、填空题（将正确答案填写在横线上）

1. 工具钢按化学成分可分为______工具钢和______工具钢。

2. 碳素工具钢牌号的表示方法：在“T”后面加数字表示，该数字以千分之几表示钢的____________。

3. T12 钢表示平均碳含量为______的碳素工具钢。

4. 合金工具钢按用途可分为____________、____________及合金量具钢。

5. 合金工具钢牌号用“一位数字＋________________＋数字”或“______________＋数字”表示。

6. 低合金刃具钢的预备热处理是________，最终热处理是__________________。

7. 高速钢是一种具有__________和________的高合金工具钢。

8. 高速钢经淬火及回火后，硬度可达________HRC，红硬性可达______℃。故常用于制造切削速度较高的刀具以及形状复杂且载荷较大的成形刀具。

9. 热作模具钢一般采用______________制造，以保证足够的强度、冲击韧度和一定的硬度。

10. 量具的最终热处理主要是_________________。

11．硬质合金是将一种或多种难熔金属硬碳化物和黏结剂金属，通过________工艺生产的一类合金材料。

12．切削工具用硬质合金牌号按使用领域的不同，可分为_____、_____、_____、N、S、H六类。

13．不锈钢是在大气、水或酸、碱和盐溶液等腐蚀性介质中具有高度__________的合金钢的总称。

14．在高温下具有高的抗氧化性和较高强度的钢称为_______。

二、判断题（正确的打“√”，错误的打“×”）

1．锉刀属于手工刀具，不承受冲击，应具有高的硬度和耐磨性。 （ ）

2．低的碳含量是为了保证锉刀具有高的硬度和耐磨性。 （ ）

3．各种牌号的碳素工具钢淬火后硬度相近，但随着碳含量的增加，钢的耐磨性降低，韧性提高。 （ ）

4．低合金刃具钢与碳素工具钢相比，提高了淬透性及强度、耐磨性等性能。 （ ）

5．Cr12 型钢淬火及回火后的组织为回火马氏体 + 碳化物 + 残余奥氏体。 （ ）

6．量具在使用过程中主要易磨损及发生碰撞。因此，要求量具具有高硬度、高耐磨性及高的尺寸稳定性。 （ ）

7．碳素工具钢、低合金刃具钢和滚动轴承钢等均可用于制造量具。 （ ）

8．铬不锈钢主要用于制造强腐蚀介质（如硝酸、磷酸、有机酸及碱溶液等）中工作的零件，如化工设备等。 （ ）

9．高速钢刀具的切削速度、耐磨性及使用寿命均比硬质合金刀具高。 （ ）

10．高锰钢是典型的耐磨钢，其牌号为 ZGMn13。 （ ）

三、选择题（将正确答案的代号填写在括号内）

1．一般锉刀的材料为（ ）。

A．高锰钢　　B．硬质合金

C．高速钢　　D．碳素工具钢

2．一般麻花钻的材料为（ ）。

A．高锰钢　　B．硬质合金

C．高速钢　　D．碳素工具钢

3．适用于制造圆板牙的钢为（ ）。

A．9SiCr　　B．CrWMn　　C．W18Cr4V　　D．Cr12

4．医疗器械常选用（ ）不锈钢。

A．12Cr13　　B．20Cr13　　C．30Cr13　　D．1Cr18Ni9

5．化工设备常选用（ ）不锈钢。

A．12Cr13　　B．20Cr13　　C．30Cr13　　D．1Cr18Ni9

6．制造坦克、拖拉机的履带选用（ ）。

A．硬质合金　　B．不锈钢

C．耐热钢　　D．耐磨钢

四、简答题

1. 什么是红硬性？碳素工具钢、低合金刃具钢和高速钢三者相比，哪类钢的红硬性最好？哪类钢的红硬性最差？

2. 高速钢的成分和热处理有什么特点？

3. 简述硬质合金的性能特点。

课题三　铸铁的分类、牌号及选用

一、填空题（将正确答案填写在横线上）

1．铸铁是碳含量大于________的铁碳合金。

2．铸铁中的碳主要以________和________两种形式存在。

3．白口铸铁中的碳主要以________形式存在，其断口呈银白色。灰口铸铁中的碳全部或大部分以______形式存在，其断口呈暗灰色。

4．麻口铸铁中的碳一部分以______形式存在，另一部分以________形式存在，断口呈现黑白相间的麻点。

5．灰铸铁中的石墨呈________分布于基体组织上。基体组织又分为__________、___________、__________三种，可见灰铸铁的基体组织相当于钢的组织。

6．灰铸铁的牌号由“______”加一组数字（最低抗拉强度数值）组成。

7．球墨铸铁主要是将铁液经过________处理后而制成的，所以球墨铸铁的石墨呈______分布于基体组织上。

8．球墨铸铁的牌号由“______”加两组数字组成，两组数字分别表示______________和________________。

9．可锻铸铁的牌号由“______”及其后的______或______再加上两组数字组成，两组数字分别表示最低抗拉强度和最低断后伸长率。

10．蠕墨铸铁的牌号由“______”加一组数字组成，数字表示____________强度。

11．为满足不同要求，通过加入各种合金元素形成的具有特殊性能的铸铁称为______铸铁。

二、判断题（正确的打“√”，错误的打“×”）

1．箱体主要承受压应力，也承受一定的弯曲应力和冲击力。（　　）

2．蠕墨铸铁是指石墨呈片状的铸铁。（　　）

3．HT300、HT350 是经过孕育处理（或称变质处理）的铸铁。（　　）

4．因为球状石墨对基体的割裂作用和应力集中作用大为减小，所以球墨铸铁的强度和塑性显著降低。（　　）

5．QT700-2 表示最低抗拉强度为 700 MPa、最低断后伸长率为 2% 的球墨铸铁。（　　）

6．球墨铸铁的过冷倾向大，易产生白口组织，而且铸件容易产生缩松等缺陷，因而其熔炼工艺和铸造工艺都比灰铸铁要求高。（　　）

7．可锻铸铁并不可锻造。（　　）

三、选择题（将正确答案的代号填写在括号内）

1．箱体的加工工艺路线：铸造毛坯→（　　）→划线→机械加工。

A．球化退火　　B．去应力退火　　C．正火　　D．淬火

2．下列选项中（　　）是指石墨呈团絮状的铸铁。

A．灰铸铁　　B．球墨铸铁　　C．蠕墨铸铁　　D．可锻铸铁

3．下列选项中属于灰铸铁的是（　　）。

A．HT150　　B．QT400-18　　C．KTH300-06　　D．RuT420

4．下列选项中属于可锻铸铁的是（　　）。

A．HT200　　B．QT600-3　　C．KTZ450-06　　D．RuT420

5．KTH300-06 中的“H”表示（　　）。

A．黑心可锻铸铁　　B．珠光体可锻铸铁

C．白口铸铁　　D．球墨铸铁

6．车床卡盘一般选用（　　）制造。

A．HT100　　B．HT150　　C．HT200　　D．HT300

7．车床主轴箱体可选用（　　）制造。

A．HT100　　B．HT200　　C．HT300　　D．HT350

四、简答题

1．什么是石墨化过程？影响铸铁石墨化的因素有哪些？

2．灰铸铁具有哪些优良性能？

3．根据碳存在的形式不同，铸铁可分为哪三类？

4．根据石墨形态的不同，灰口铸铁可分为哪四种？

5．为什么灰铸铁通过热处理强化的作用不大？它常采用哪几种热处理工艺？

6．可锻铸铁的生产过程包括哪两个步骤？

课题四　有色金属的分类、牌号及选用

一、填空题（将正确答案填写在横线上）

1．弹壳是______而成的，一般选用 H68（普通黄铜的牌号）制造。牌号中“H”为“黄”字汉语拼音首字母，数字表示____的平均含量为 68%，余量则为____的平均含量。

2．与海水接触的船舶零件要求具有较强的耐腐蚀性，故常选用________制造。该黄铜中加入 1% 的______，能显著提高对海水及海洋大气的耐腐蚀性，也称为海军黄铜。

3．飞机大梁常选用______制造。该材料通过______处理和时效后，强度、硬度显著提高，而且密度小，质量轻，故满足要求。

4．除铁及其合金以外的其余金属统称为______金属。

5．纯铝呈银白色，具有________晶格，无同素异构转变，熔点低（660 ℃），是自然界储量最丰富的元素之一。

6．防锈铝合金强度比纯铝高，并具有良好的耐腐蚀性、塑性和______性能，但__________性较差。

7．硬铝合金__________较差，固溶处理及时效后强度高，切削加工性好。

8．与变形铝合金相比，铸造铝合金的力学性能不如变形铝合金，但其____性能较好。

9．铸造铝合金代号用“ZL+ 三位数字”表示，“ZL”是“铸铝”两字的汉语拼音首字母，第一位数字表示铝合金的____，后两位数字表示铝合金的______。

10．铸造铝合金牌号用“Z+Al（基体元素符号）+__________符号及含量 + 辅加元素符号及含量”表示。如 ZAlSi12 表示 Si 含量为____的铝硅系铸造铝合金。

11．工业纯铜的铜含量高于 99.5%，呈________色，当表面形成氧化膜后呈紫色，又称______。

12．按成型方法不同，铜合金可分为______铜合金和______铜合金。

13．黄铜是以____为主加元素的铜合金。特殊黄铜牌号由“H+__________+__________–主加元素平均含量”组成。如 HPb–59–1 表示平均铜含量为____，平均铅含量为____，其余为锌的铅黄铜。

14．铸造黄铜的牌号用“ZCu+____________________________+ 辅加元素符号及含量”表示。

15．青铜的牌号由“Q+____________________–其他元素含量”组成。如 QSn4–3 表示 Sn 含量为____，其他元素（Zn）含量为____，其余为铜的锡青铜。

16．在滑动轴承中，制造轴瓦及其内衬的合金称为__________合金。

17．滑动轴承合金的牌号由“Z+______________+ 主加元素符号及含量 + 辅加元素符号及含量”组成，“Z”是______字的汉语拼音首字母。

18．最常用的滑动轴承合金是______轴承合金与______轴承合金。

二、判断题（正确的打“√”，错误的打“×”）

1．将铝合金加热到单相 α 固溶体状态，保温后在水中快冷的处理称为固溶处理。（ ）

2．工业纯铝的牌号为 1070、1060、1050 等，其纯度依次增加。（ ）

3．5A05、3A21 属于能热处理强化的变形铝合金。（ ）

4．2A01、2A11、2A12 属于不能热处理强化的变形铝合金。（ ）

5．超硬铝合金主要用于制造飞机上受力较大的结构件。（ ）

6．铝镁系铸造铝合金主要用于制造在腐蚀介质下工作的零件。（ ）

7．工业纯铜牌号有 T1、T2、T3 等，顺序号越大，纯度越高。（ ）

8．H62 为单相铜合金，塑性好，适用于冷、热压力加工。（ ）

9．为了减少轴承对轴颈（轴与轴承的配合部分）的磨损，确保机器的正常运转，滑动轴承合金的组织应是软基体上均匀分布着硬质点，或硬基体上均匀分布着软质点。（ ）

10. ZPbSb16Sn16Cu2 为铅基轴承合金，Sb 含量为 16%，Sn 含量为 16%，Cu 含量为 2%，余量为 Pb。（ ）

三、选择题（将正确答案的代号填写在括号内）

1．制造电线应选用（ ）。

A．防锈铝合金　　B．工业纯铝

C．硬铝合金　　D．超硬铝合金

2．制造船用配件选用（ ）铸造铝合金。

A．铝硅系　B．铝铜系　C．铝镁系　D．铝锌系

3．Pb 能改善黄铜的（ ）性能。

A．铸造　B．切削加工　C．导电　D．耐腐蚀

4．QAl7 表示（ ）。

A．锡青铜　　B．铝青铜　　C．硅青铜　　D．铍青铜

四、简答题

1．纯铝具有哪些性能特点？

2．简述铝合金的种类。

3．铜合金按化学成分不同可分为哪几类？各类的主加元素是什么？

4．根据所学知识，为下列零件选配材料。

（1）滑动轴承

（2）电刷

（3）内燃机气缸

（4）发动机气缸

（5）飞机大起落架

模块五　金属毛坯的形成

课题一　铸　　造

一、填空题（将正确答案填写在横线上）

1．用来形成铸型型腔的工艺装备称为______。制造砂型时，使用______可以获得与铸件外部轮廓相似的型腔。

2．收缩余量取决于铸件的______和该合金的____________。

3．用造型材料及模样等工艺装备制造铸型的过程称为________。制造型芯的过程称为______。

4．机器造芯是利用造芯机来完成______、______和取芯的，生产效率高，型芯质量好，适用于大批量生产。

5．将铸型的各个组元（如上型、下型、型芯等）组合成一个完整铸型的操作过程称为______。

6．熔炼是指使金属由固态转变成______状态的过程。

7．金属液浇入铸型时所测量到的温度称为______温度。

8．单位时间内浇入铸型中的金属液质量称为____________。

9．用手工或机械使铸件和型砂、砂箱分开的操作称为______。

10．清理是落砂后从铸件上清除表面______、______、多余金属（包括浇冒口、飞翅）和氧化皮等过程的总称。

11．铸件的质量包括______质量、______质量和______质量。

12．铸件常见的缺陷有______、______、______、粘砂和裂纹等。

13．根据生产方法的不同，铸造可分为______铸造和______铸造两大类。

14．砂型铸造是以______为主要造型材料而制备铸型的铸造工艺方法。

15．常用的特种铸造有________铸造、________铸造、________铸造、熔模铸造等。

16．通过______作用进行浇注，将熔融金属浇入金属铸型获得______的方法称为金属型铸造。

17．将熔融金属浇入绕水平轴、倾斜轴或立轴旋转的铸型中，在________作用下，凝固成型的铸件轴线与旋转铸型轴线重合，这种铸造方法称为离心铸造。

18．铸件断面上出现的分散而微小的缩孔称为______。

二、判断题（正确的打“√”，错误的打“×”）

1．一般来说，铸件上较大的孔、槽应当铸出；较小的孔、槽则不必铸出。　　（　　）

2．为补偿铸件在冷却过程中产生的收缩，使冷却后的铸件符合图样要求，需要减小模样的尺寸。（　　）

3．芯头不形成铸件的轮廓，只是落入芯座内用来定位和支承型芯。（　　）

4．在一般情形下，浇注系统中的直浇道截面应小于横浇道截面，横浇道截面应小于内浇道截面。（　　）

5．浇注时必须使浇口杯保持充满状态，不允许浇注中断，并应注意防止飞溅和满溢。（　　）

6．过早进行落砂，会因铸件冷却太快而使其内应力增加，甚至变形或开裂。（　　）

7．造成粘砂的原因是型砂的耐火性差或浇注温度过高。（　　）

8．离心铸造也需要浇注系统。（　　）

9．熔模铸造主要用于生产形状复杂、精度要求高、熔点高和难切削加工的小型（质量在 25 kg 以下）零件。（　　）

三、选择题（将正确答案的代号填写在括号内）

1．下列选项中不属于特种铸造的是（　　）。

A．压力铸造　　B．金属型铸造　　C．砂型铸造　　D．熔模铸造

2．关于铸造，下列说法错误的是（　　）。

A．铸造可以生产出形状复杂，特别是具有复杂内腔的工件毛坯

B．铸造产品的适应性广，工艺灵活性大，工业上常用的金属材料均可用来进行铸造，铸件的质量可由几克到几百吨

C．原材料大多来源广泛，价格低廉，并可直接利用废机件，故铸件成本较低

D．铸件力学性能较好，生产工序少，质量稳定

3．芯盒的内腔与型芯（　　）。

A．形状和尺寸都相同　　B．形状相同，尺寸略大

C．形状和尺寸都不同　　D．形状相同，尺寸略小

4．起模斜度可用倾斜角 α 表示，一般 α 取（　　）。

A．0.5° ~ 3°　　B．3° ~ 5°　　C．5° ~ 10°　　D．10° ~ 15°

5．关于手工造型，下列说法错误的是（　　）。

A．手工造型是全部用手工或手动工具完成的造型工序

B．手工造型操作灵活，适应性广，工艺装备简单，成本低

C．手工造型铸件质量稳定

D．手工造型主要用于单件、小批量生产，特别是大型和形状复杂的铸件

6．浇注速度的单位为（　　）。

A．g/s　　B．g/min　　C．kg/min　　D．kg/s

7．若落砂过早，铸件冷却太快，内应力（　　）。

A．增大　　B．减小　　C．不变　　D．消失

8．将模样熔化为液体的铸造是（　　）。

A．熔模铸造　　B．金属型铸造

C．离心铸造　　D．实型铸造

四、名词解释

1．铸造

2．收缩余量

3．起模斜度

五、简答题

1．简述灰铸铁件的铸造工艺过程。

2．制造模样时需要考虑哪些问题？

3．铸造圆角的作用是什么？

4．浇注系统主要由哪几部分组成？浇注系统的作用是什么？

5．什么是冒口？冒口起什么作用？一般设置在铸件的什么部位？

6．铸件产生气孔的原因有哪些？

7．什么是砂眼？铸件产生砂眼的原因有哪些？

8．裂纹分为哪几种？铸件产生裂纹的原因有哪些？

9．简述熔模铸造的工艺过程。

课题二　锻　造

一、填空题（将正确答案填写在横线上）

1．常用的锻造方法有______和______。

2．锻造温度范围是指锻件由______温度到______温度的间隔。

3．钢的始锻温度一般应比固相线低________℃，35 钢的始锻温度可定为________℃左右。

4．加热时坯料温度升高的速度称为________。坯料加热到要求的温度所需的时间称为________。

5. 空气锤是以__________为工作介质，驱动锤头______运动打击锻件，使其获得塑性变形的锻锤。

6. 使毛坯横截面积减小、长度增加的锻造工序称为______。

7. 使毛坯高度减小、横截面积增大的锻造工序称为______。

8. 在坯料上冲出通孔或不通孔的锻造工序称为______。

9. 锻件常用的冷却方法有______、______和______三种方法。

10. 修整工序是为提高锻件表面质量而进行的工序，如______、______、平整等。

11. 常用的冲压设备有______和______。

12. 使毛坯材料产生______变形或分离且无______的加工方法称为压力加工。

13. 直流弧焊电源输出端有正极和负极之分。将焊件接电源_____，焊条接电源______的接法称为正接法。将焊件接电源______，焊条接电源______的接法称为反接法。

14. 焊条是指涂有药皮的供焊条电弧焊用的______电极。

15. 根据焊条药皮中所含氧化物的性质不同，焊条可以分为______焊条和______焊条。

16. 焊接接头的基本形式有______接头、______接头、______接头和______接头。

17. 焊条电弧焊常见坡口的基本形式有____形坡口、____形坡口、____形坡口、____形坡口等。

18. 采用焊条电弧焊进行焊接时，按焊缝所在的空间位置不同，可将焊接位置分为______、______、______和______。

二、判断题（正确的打“√”，错误的打“×”）

1. 对于大型及特大型锻件的制造，自由锻仍是唯一有效的方法。（　　）

2. 锻造应该在始锻温度和终锻温度范围内进行；否则，锻件容易开裂或变形困难。（　　）

3. 自由锻生产效率高，劳动强度低，锻件的精度高，对操作人员的技术水平要求不高。（　　）

4. 自由锻适用于中、小型锻件的大批量生产。（　　）

5. 如果锻后锻件冷却不当，会使应力增大和表面过硬，影响锻件的后续加工，严重的还会产生翘曲变形、裂纹，甚至造成锻件报废。（　　）

6. 形状复杂的工件难以锻造成型。（　　）

7. 锻造和冲压所加工的材料应具有良好的塑性，以便在锻压时能产生足够的塑性变形而不被破坏。（　　）

8. 铸铁也能进行锻压加工。（　　）

9. 所有的金属材料都适合采用冲压加工。（　　）

10. 焊接重要的结构件时宜采用碱性焊条，为了更好地发挥碱性焊条的抗裂作用，一般采用直流正接。（　　）

三、选择题（将正确答案的代号填写在括号内）

1. 大型锻件或高合金钢锻件的冷却适合采用（　　）。

A. 空冷　　B. 炉冷　　C. 坑冷　　D. 水冷

2．冲孔时常放些煤粉，其作用是（　　）。

A．提高材料的塑形　　B．便于取出冲子

C．改善冲件的力学性能　　D．避免冲坏锻件

3．下列选项中属于熔焊的是（　　）。

A．焊条电弧焊　　B．电阻焊

C．冷压焊　　D．摩擦焊

4．下列选项中属于压焊的是（　　）。

A．焊条电弧焊　　B．电阻焊

C．气焊　　D．电渣焊

四、名词解释

1．锻压

2．自由锻

3．模锻

4．冲压

5．加工硬化

6．焊接

五、简答题

1．与自由锻相比，模锻具有哪些优点和缺点？

2．锻造时，坯料加热的目的是什么？

3．什么是始锻温度？如何确定始锻温度？

4．简述压盖的自由锻工序。

5．锻造具有哪些工艺特点？

6．自由锻的工序可分为哪几种？

7．自由锻可能产生的缺陷有哪些？各缺陷产生的原因有哪些？

8．简述冲压的工艺特点。

9．冲压的基本工序分为哪两类？各有什么特点？

10．简述焊接的种类。

11．焊条由哪几部分组成？各部分起什么作用？

模块六　尺寸公差与配合

课题一　基本术语及定义

一、填空题（将正确答案填写在横线上）

1．$\phi 45^{+0.025}_{0}$ mm孔的公称尺寸是______mm，ϕ（56±0.009）mm轴的公称尺寸是______mm。

2．公称尺寸是指设计时给定的尺寸，孔用____表示，轴用____表示。它是由______人员根据零件的使用要求，通过计算或结构方面的考虑，通过______按标准所确定的。

3．极限偏差是极限尺寸减其______尺寸所得的代数差，它包括________偏差和________偏差。

4．上极限偏差是上极限尺寸减其______尺寸所得的代数差。孔和轴的上极限偏差分别用______和______表示。

5．下极限偏差是下极限尺寸减其______尺寸所得的代数差。孔和轴的下极限偏差分别用______和______表示。

6．$\phi 45^{+0.025}_{0}$ mm孔的上极限偏差是___________mm，下极限偏差是_________mm；而ϕ（56±0.009）mm轴的上极限偏差是______mm，下极限偏差是______mm。

7．极限尺寸是指一个孔或轴允许的尺寸的两个极端，它包括________尺寸和________尺寸。

8．公差的数值等于________尺寸与________尺寸之差，也等于________偏差与________偏差之差。

9．实际尺寸是指通过______所得到的尺寸。

10．为了清楚地表示__________、__________、__________、公差各量的相互关系，按规定的方法和适当的比例画出的图形称为公差带图。

11．公差带包括公差带的大小和公差带的位置。公差带的大小由______确定，公差带的位置由相对于______的位置确定。

12．孔是________，轴是__________。孔在加工过程中尺寸由____变____，轴在加工过程中尺寸由____变____，两者的实体材料在加工过程中均由多到少。

13．在机械制造中，图样上的尺寸以______为单位，并可省略其标注。

14．标准公差大小与______________和____________两个因素有关。

15．国家标准共设立了____个公差等级，即______、______、IT1 ~ IT18，其中______精度最高，______精度最低。

16．一般公差规定了四个等级，即________、________、________和最粗 v，线性尺寸的一般公差带均与零线______分布。

二、判断题（正确的打“√”，错误的打“×”）

1. 偏差值可以为正值、负值或零。（ ）
2. 公差可以为正值、负值或零。（ ）
3. 公差的大小反映精度的高低和零件加工的难易程度。（ ）
4. 由于零件表面存在一定的形状误差，故同一表面的不同位置实际尺寸不一定相同。（ ）
5. 合格零件的实际尺寸应控制在两个极限尺寸之间。（ ）
6. 不完全互换性是指当零件加工难度较大时，可在装配前允许有附加的选择，装配时允许有附加的调整，允许修配，装配后能满足预期的使用要求。（ ）
7. 同一公差等级对所有公称尺寸的公差被认为具有同等精确程度。（ ）
8. 公称尺寸相同时，公差等级高，零件的精度高，则公差值小，加工难度大，生产成本高。（ ）
9. 图样上不标注公差的尺寸，说明该尺寸没有公差要求，加工时可为任意尺寸。（ ）

三、选择题（将正确答案的代号填写在括号内）

1. 轴 $\phi 50^{+0.048}_{+0.009}$ mm 的公称尺寸是（ ）mm。
   A. 50　B. $\phi 50$　C. $\phi 50.048$　D. $\phi 50.009$
2. 轴 $\phi 50^{+0.048}_{+0.009}$ mm 的上极限尺寸是（ ）mm。
   A. 50　B. $\phi 50$　C. $\phi 50.048$　D. $\phi 50.009$
3. 轴 $\phi 50^{+0.048}_{+0.009}$ mm 的上极限偏差是（ ）mm。
   A. 0.048　B. 0.009　C. $\phi 50.048$　D. $\phi 50.009$
4. 轴 $\phi 50^{+0.048}_{+0.009}$ mm 的公差为（ ）mm。
   A. 0.048　B. 0.009　C. 0.057　D. 0.039
5. 孔 $\phi 50^{+0.007}_{-0.018}$ mm 的公差为（ ）mm。
   A. 0.007　B. –0.018　C. 0.025　D. –0.025
6. 公差等级为精密、公称尺寸段为大于 30 ~ 120 mm 的未注公差，其上、下极限偏差值为（ ）mm。
   A. ±0.10　B. ±0.15　C. ±0.20　D. ±0.25

四、简答题

1. 什么是零件的互换性？

2．为什么说实际尺寸不是尺寸的真值？

3．什么是尺寸偏差？什么是尺寸公差？试列出极限偏差与公差之间的关系式。

4．某轴的设计尺寸为 $\phi 60$ mm，加工时的尺寸范围要求为 $\phi 59.905 \sim 60.095$ mm，求轴的上极限偏差、下极限偏差及公差，画出公差带图，并将该尺寸范围要求写成极限偏差的标注形式。若加工后三根轴的实际尺寸分别为 $\phi 59.90$ mm、$\phi 60$ mm 和 $\phi 60.095$ mm，求各轴的实际偏差，并判断各轴的尺寸是否合格。

5．下列尺寸标注是否正确？如有错误请改正。

（1）$\phi 20^{+0.015}_{+0.021}$ mm

（2）$\phi 35^{-0.025}_{0}$ mm

（3）$\phi 70^{+0.046}_{0}$ mm

（4）$\phi 45^{+0.042}_{+0.017}$ mm

（5）$\phi 50^{-0.041}_{-0.025}$ mm

课题二　配 合 种 类

一、填空题（将正确答案填写在横线上）

1. 公称尺寸相同的孔与轴的配合性质有______配合、______配合、______配合三种。

2. 具有间隙（包括最小间隙等于零）的配合称为_____配合。此时孔的尺寸________轴的尺寸。

3. 具有过盈（包括最小过盈等于零）的配合称为_____配合。此时孔的尺寸________轴的尺寸。

4. 可能具有间隙或过盈的配合称为______配合。此时孔的尺寸可能大于、也可能小于或等于轴的尺寸。

5. 间隙配合时，其最大间隙等于孔的______尺寸与轴的______尺寸之差，也等于孔的______偏差减去轴的______偏差，它一定大于零。

6. 间隙配合时，其最小间隙等于孔的______尺寸与轴的______尺寸之差，也等于孔的______偏差减去轴的______偏差，它一定大于或等于零。

7. 过盈配合时，其最大过盈等于孔的______尺寸与轴的______尺寸之差，也等于孔的______偏差减去轴的______偏差，它一定小于零。

8. 过盈配合时，其最小过盈等于孔的______尺寸与轴的______尺寸之差，也等于孔的______偏差减去轴的______偏差，它一定小于或等于零。

9. 公差带的位置由极限偏差相对______的位置确定，选取一个极限偏差作为确定的依据，则此极限偏差称为__________，它是确定公差带相对零线位置的那个极限偏差。

10. 基本偏差确定了________的位置，从而决定了______的性质。

11. 基本偏差代号用_________表示，大写字母表示_____的基本偏差，小写字母表示____的基本偏差。

12. 在孔的基本偏差中，H 的基本偏差 EI=_____，JS 的基本偏差 ES=_____ 或 EI=_____；轴的基本偏差中，h 的基本偏差 es=____，js 的基本偏差 es=____或 ei=____。

13. 基孔制的孔的上极限偏差____零，下极限偏差（基本偏差）____零。

14. 基轴制的轴的下极限偏差____零，上极限偏差（基本偏差）____零。

二、判断题（正确的打“√”，错误的打“×”）

1. 间隙配合时，孔的公差带在轴的公差带之下。　（　　）

2. 过盈配合时，孔的公差带在轴的公差带之上。　（　　）

3. 配合公差是绝对值，配合公差越小，配合的精度越高。　（　　）

4. 一般以远离零线的那个极限偏差作为基本偏差。　（　　）

三、选择题（将正确答案的代号填写在括号内）

1. 轴 $\phi 25_{-0.033}^{0}$ mm 与孔 $\phi 25_{0}^{+0.033}$ mm 为（　　）配合。

A．间隙　　　B．过盈　　　C．过渡

2．孔 $\phi 35^{+0.025}_{0}$ mm 与轴 $\phi 35^{+0.034}_{+0.009}$ mm 为（　　）配合。

A．间隙　　　B．过盈　　　C．过渡

3．轴 $\phi 25^{0}_{-0.033}$ mm 与孔 $\phi 25^{+0.033}_{0}$ mm 的最大间隙为（　　）mm。

A．−0.066　　　B．−0.033　　　C．0.033　　　D．0.066

4．基本偏差代号为 a ~ h 的轴与基准孔（H）组成（　　）配合。

A．间隙　　　B．过盈　　　C．过渡

5．基本偏差代号为 A ~ H 的孔与基准轴（h）组成（　　）配合。

A．间隙　　　B．过盈　　　C．过渡

四、简答题

1．什么是配合？配合的性质取决于什么？

2．国家标准对孔和轴各设立了哪 28 个基本偏差？

3．什么是基孔制？什么是基轴制？

4．对于下列三对孔与轴的配合，画出公差带图，说明各属于哪一种基准制和哪类配合，并计算它们的极限间隙或极限过盈、平均间隙或平均过盈以及配合公差。

（1）孔 $\phi 30^{+0.021}_{0}$ mm，轴 $\phi 30^{+0.035}_{+0.022}$ mm。

（2）孔 $\phi 40^{+0.034}_{+0.009}$ mm，轴 $\phi 40^{0}_{-0.016}$ mm。

（3）孔 $\phi 50^{+0.025}_{0}$ mm，轴 ϕ（50 ± 0.008）mm。

课题三　尺寸公差与配合的选用

一、填空题（将正确答案填写在横线上）

1. 国家标准规定孔、轴公差带代号由确定公差带位置的__________代号和确定公差带大小的____________组成。

2. 代号 ϕ40js6 的含义可解释为公称尺寸为____mm，基本偏差代号为____，____级精度的轴。

3. 配合代号用__________后跟孔、轴公差带代号表示，孔、轴公差带代号写成分数形式，分母为____的公差带代号，分子为____的公差带代号。

4. 根据国家标准规定，标准公差有____级，基本偏差有____个。

5. 为简化定值刀具和定值量具以及工艺装备的品种和规格，国家标准对孔和轴所选用的公差带做了必要的限制，即孔、轴规定了______、______和______三类公差带。

6. 在使用公差带时，其选择顺序是首先选择______公差带，其次选择______公差带，最后选择______公差带。

7. 为便于生产，国家标准对基孔制规定了____种常用配合，对基轴制规定了____种常用配合，在这些常用配合中，又对基孔制、基轴制各规定了____种优先配合。

8. 公差等级总的选择原则：在满足使用要求的前提下，尽量选取____的公差等级。

9. 选择公差等级时要正确处理零件的___________、___________和___________之间的关系。

10. 选用配合的方法包括______法、______法和______法三种。

二、判断题（正确的打“√”，错误的打“×”）

1. 孔公差带代号中的基本偏差代号为小写，轴公差带代号中的基本偏差代号为大写。（　　）

2. 由于孔加工较困难，为简化刀具和量具，一般优先选用基孔制。（　　）

3. 标注公差时，上、下极限偏差位置不要标错，“0”不能省略；小数位数要相同并对齐。（　　）

4. 在一般情况下，应优先选用基轴制。（　　）

5. 配合的选用顺序：先选择优先配合，再选择常用配合。（　　）

6. 加工精度越高，使用性能就越好，但生产成本也越高。（　　）

7. 由于孔比轴难加工，一般选择孔比轴低一级精度，使孔、轴的加工难易程度相同。（　　）

三、选择题（将正确答案的代号填写在括号内）

1. 轴的一般用途公差带有（　　）种。

A. 105　　B. 116　　C. 59　　D. 13

2. 孔的一般用途公差带有（　　）种。

A. 105　　B. 116　　C. 44　　D. 13

3. 孔的 44 种常用公差带中规定了（　　）种优先公差带。

A. 105　　B. 59　　C. 44　　D. 13

4. 配合代号 ϕ50H8/t7 的含义是（　　）。

A. 公称尺寸为 50 mm、基本偏差代号为 H、8 级精度的基准孔与基本偏差代号为 t、7 级精度的轴所组成的基孔制间隙配合

B. 公称尺寸为 50 mm、基本偏差代号为 H、8 级精度的基准孔与基本偏差代号为 t、7 级精度的轴所组成的基孔制过盈配合

C. 公称尺寸为 50 mm、基本偏差代号为 H、8 级精度的孔与基本偏差代号为 t、7 级精度的轴所组成的基轴制间隙配合

D. 公称尺寸为 50 mm、基本偏差代号为 H、8 级精度的孔与基本偏差代号为 t、7 级精度的轴所组成的基轴制过盈配合

四、简答题

1. 解释下列代号的含义。

（1）ϕ50F8

（2）ϕ10cd7

（3）ϕ45H7

（4）ϕ36js6

2. 解释下列配合代号的含义。

（1）ϕ50U8/h7

（2）ϕ80H7/p6

（3）ϕ100H8/js7

3．孔、轴为同一公差等级的基孔制配合，公称尺寸为 ϕ60 mm，孔的上极限尺寸为 ϕ60.030 mm，配合的最大过盈为 –0.062 mm。（提示：同一精度等级，说明孔、轴公差值相等；基孔制孔的下极限偏差 EI=0）

（1）分别求孔和轴的上、下极限偏差。

（2）分别求孔公差、轴公差和配合公差。

（3）确定配合种类。

（4）画出孔、轴公差带图。

模块七　几何公差与误差

课题一　基 本 概 念

一、填空题（将正确答案填写在横线上）

1. 几何误差对零件使用功能的影响大致有_____________、_____________、______________三个方面。

2. 几何要素是指构成零件上的特征部分——____、____、____等，它是几何公差所研究的对象。

3. 几何要素按存在状态分为______要素和______要素。

4. 理想要素是指具有______意义的要素，它们不存在任何误差。

5. 几何要素按所处地位可分为______要素和______要素，按几何特征分为______要素和______要素。

6. 被测要素是指零件设计图样上给出______公差或（和）______公差要求的要素。

7. 被测要素包括______要素和____要素，在图样上仅对其本身给出了形状公差要求的要素为______要素，与其他要素有功能关系的要素为______要素。

8. 基准要素是指用来确定被测要素______或（和）______的要素。

9. 轮廓要素是指构成零件外轮廓的并能直接为人们所感觉到的____、____、____。

10. 几何公差框格的内容从左至右按顺序填写，分别是__________________、公差值及附加符号、基准字母。

11. 基准符号由一个_________和一个涂黑的__________用细实线连接而成，在基准方框内标注表示______的字母。

12. 理论正确尺寸是确定被测要素的理想______、理想______和理想______的尺寸，该尺寸不附带公差，为与未注公差的尺寸相区别，理论正确尺寸以____相围。

13. 若公差带是圆形或圆柱形的，则在公差值前加____；若是球形，则加____。

14. 对于视图所表示的所有轮廓线或轮廓面的几何公差要求，可在公差框格指引线的弯折处画一个细实线______。

二、判断题（正确的打“√”，错误的打“×”）

1. 几何误差主要由加工设备、刀具、夹具、原材料的内应力及切削力等因素所致。（　　）

2. 机床导轨存在直线度误差，不会影响零件的加工精度。（　　）

3. 齿轮箱上各轴承座的位置误差将影响齿轮传动的齿面接触精度和齿侧间隙。（　　）

4. 由于存在测量误差，完全符合定义的实际要素是测不到的。 (　　)
5. 在实际生产中，经常用测得的并非真实的要素代替实际要素。 (　　)
6. 基准字母应垂直书写。 (　　)
7. 几何公差中的符号“○”表示圆柱度。 (　　)

三、选择题（将正确答案的代号填写在括号内）

1. 图 7–1 中所标注的几何公差为（　　）公差。
   A. 平行度　　B. 平面度　　C. 垂直度　　D. 圆柱度

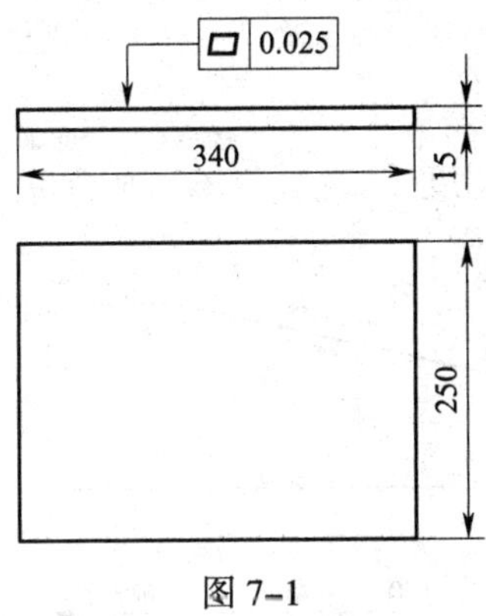

图 7–1

2. 图 7–2 中所标注的几何公差为（　　）公差。
   A. 同轴度　　B. 圆度　　C. 平行度　　D. 圆柱度

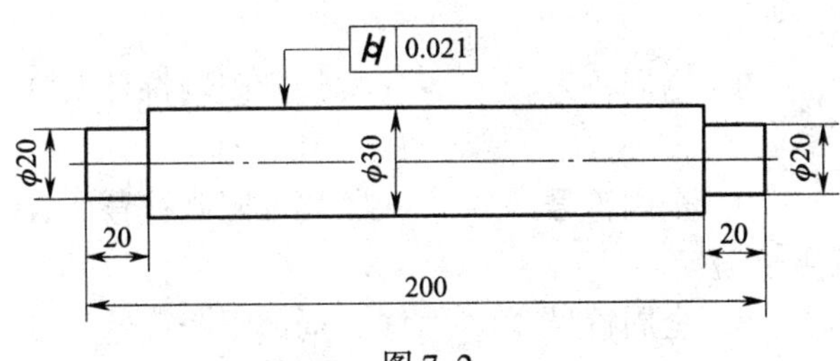

图 7–2

3. 图 7–3 中所标注的几何公差为（　　）公差。
   A. 同轴度　　B. 垂直度　　C. 平行度　　D. 圆柱度

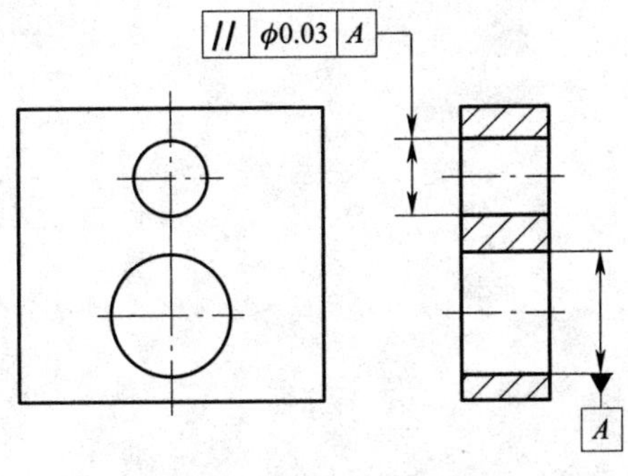

图 7–3

4. 图 7–4 中所标注的几何公差为（　　）公差。

A. 同轴度　　B. 垂直度　　C. 平行度　　D. 圆柱度

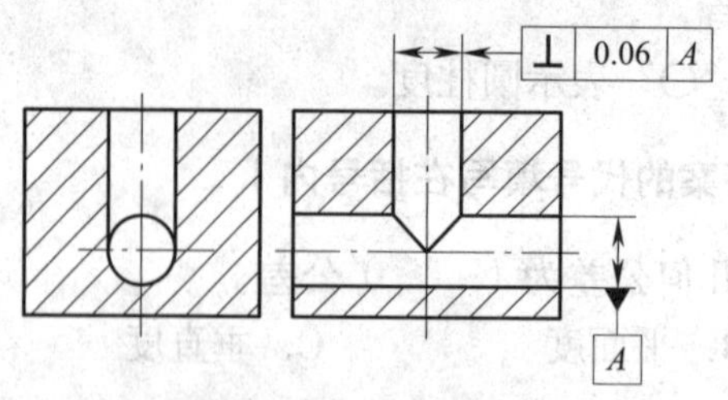

图 7–4

5. 图 7–5 中所标注的几何公差为（　　）公差。

A. 同轴度　　B. 倾斜度　　C. 平行度　　D. 垂直度

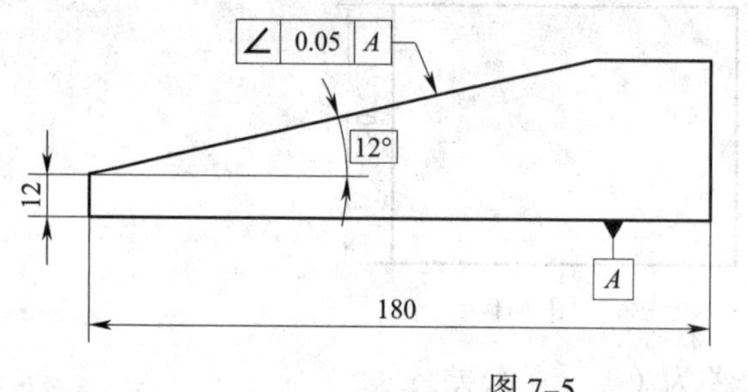

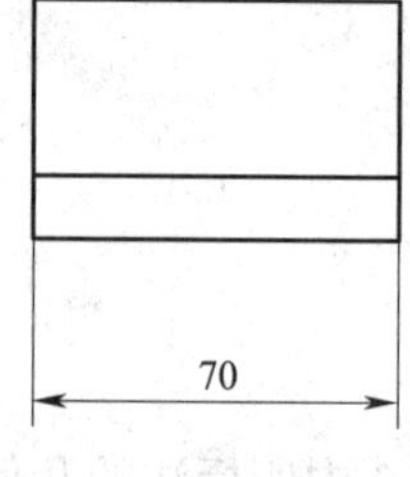

图 7–5

6. 机械图样中 A 为（　　）。

A. 基准符号　　B. 全周符号　　C. 局部限制符号　　D. 理论正确尺寸

7. 机械图样中 为（　　）。

A. 基准符号　　B. 全周符号　　C. 局部限制符号　　D. 理论正确尺寸

8. 机械图样中标注 50 表示（　　）。

A. 基准符号　　B. 全周符号　　C. 局部限制符号　　D. 理论正确尺寸

四、简答题

1. 试说明各几何公差特征项目的名称和符号。

2．根据图 7–6 所示的标注，按表 7–1 的要求将（1）~（5）各项内容填入表中。

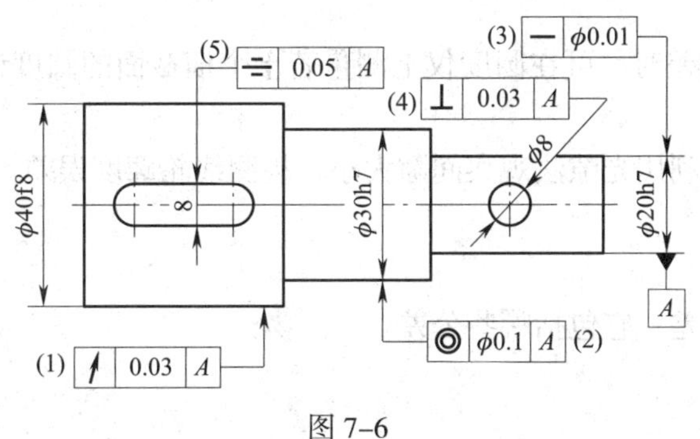

图 7–6

表 7–1

序号	几何公差名称	被测要素	基准要素	公差值
（1）				
（2）				
（3）				
（4）				
（5）				

课题二　形状公差与误差

一、填空题（将正确答案填写在横线上）

1．线轮廓度公差是限制实际平面曲线对________变动量的一项指标。

2．面轮廓度公差是限制实际曲面对__________变动量的一项指标。

3．形状误差是指被测实际要素的______对其理想要素的变动量。

4．理想要素相对于实际要素的位置应符合______条件。______条件就是形状误差的评定准则。

5．最小条件是指被测实际要素对其理想要素的最大变动量为______。

6．对于较短的被测直线，可用__________、________、精密短导轨等作为标准件；对于较长的被测直线，可用______或拉紧的优质钢丝等作为标准件。

7．可用平晶法来测量高精度的小平面零件，它是利用________原理根据干涉条纹的数目和形状来评定平面度误差的。

二、判断题（正确的打“√”，错误的打“×”）

1．在给定方向上，直线度公差带是距离为公差值 t 的两平行平面之间的区域。（　　）

2．如在直线度公差值前加注 ϕ，则公差带是直径为公差值 t 的圆柱面内的区域。（　　）

3．检测圆柱度误差时，可在圆度仪上测量若干个横截面的圆度误差，按最小条件确定圆柱度误差。（　　）

4．可用轮廓样板利用光隙法观察间隙大小来检测线轮廓度误差。（　　）

三、简答题

1．什么是形状公差？它包括哪些公差？

2．什么是直线度公差？直线度公差可分为哪三种？说明图 7–7 中直线度公差的含义。

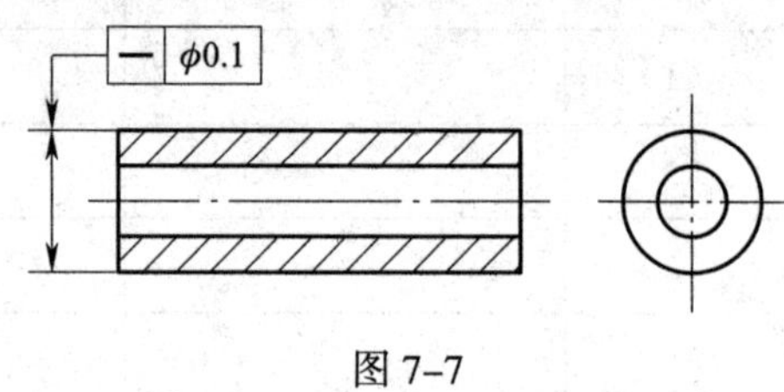

图 7–7

3．什么是平面度公差？简述其公差带的形状，并说明图 7–8 中平面度公差的含义。

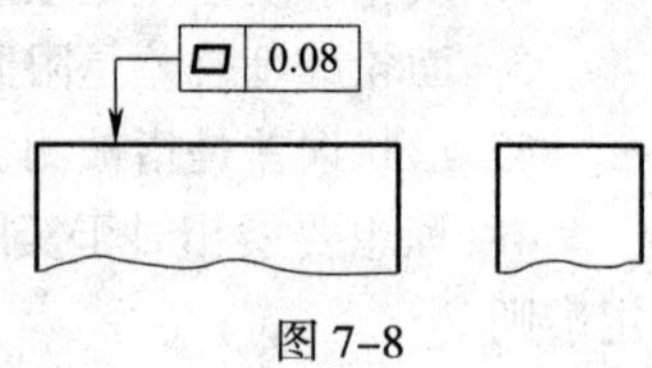

图 7–8

4. 什么是圆度公差？简述其公差带的形状，并说明图 7–9 中圆度公差的含义。

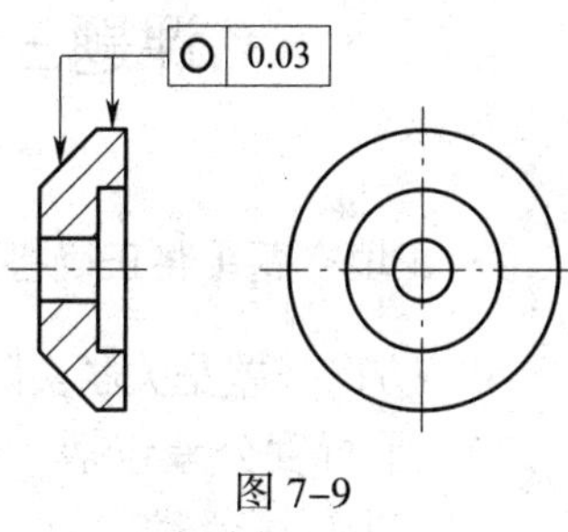

图 7–9

5. 什么是圆柱度公差？简述其公差带的形状，并说明图 7–10 中圆柱度公差的含义。

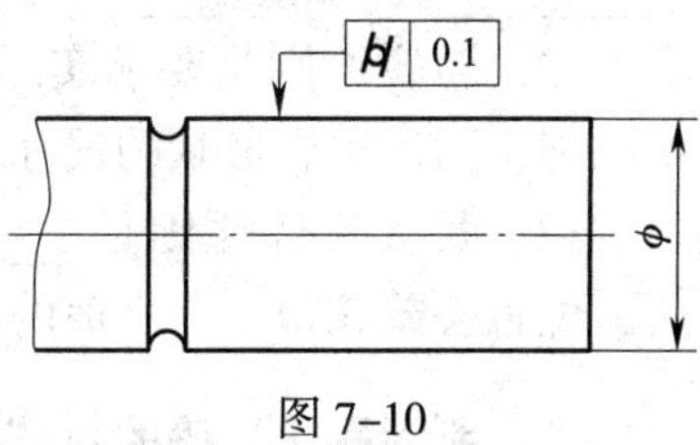

图 7–10

课题三　方向、位置、跳动公差与误差

一、填空题（将正确答案填写在横线上）

1. 方向公差是关联实际要素对基准在______上允许的变动全量。

2. 平行度公差包括________平行度公差、________平行度公差、________平行度公差、________平行度公差。

3. 若在平行度公差值前加 ϕ，则给定方向为______方向，公差带是直径为公差值 t 且平行于基准线的______内的区域。

4. 位置度公差是关联实际要素对基准在________上允许的变动全量。

5. 跳动公差是用跳动量控制被测要素______和______变动量的综合指标，跳动量可由指示器的最大与最小示值之差反映出来。

6. 跳动公差可分为________公差和________公差。

7. 同轴度公差的被测要素和基准要素均应是______要素，标注时应与尺寸线对齐。

8. 平行度误差可采用______法和______法进行检测。

9. 为处理几何公差与尺寸公差之间关系而确立的原则称为______原则，它有______原则和______原则两种。

10. 独立原则是指图样上给定的几何公差与尺寸公差________、________的公差原则。

11. 相关原则是指图样上给定的几何公差与尺寸公差__________的公差原则。它分为__________原则和__________原则。

12. 包容原则是要求实际要素的任意一点都必须在具有理想形状的包容面内的一种公差原则，而该理想形状的尺寸为________尺寸。

13. 最大实体原则是______要素或（和）______要素偏离最大实体状态，而形状、方向、位置公差获得______值的一种公差原则。

二、判断题（正确的打“√”，错误的打“×”）

1. 倾斜度公差是限制被测实际要素对基准在倾斜方向上变动量的一项指标，被测要素对基准的理想方向成任意角度。（　　）

2. 通常在对被测要素给定了定位公差后，还需要对该要素给出形状公差和定向公差。（　　）

3. 当轴线很短时可以将同轴度看成同心度。（　　）

4. 对称度公差是限制被测要素偏离基准要素的指标。（　　）

5. 跳动公差是用跳动量控制被测要素形状和位置变动量的综合指标，跳动量可由指示器的最大与最小示值之和反映出来。（　　）

6. 应用打表法检测面对面的平行度误差时，可将被测零件放置在平板上打表检测被测平面。指示表的最大示值 M_{max} 与最小示值 M_{min} 之和即为该零件的平行度误差。（　　）

7. 采用独立原则时，实际尺寸和几何误差的检验要分开进行，检验中有一项不合格即

为废品。 （　　）

8. 当被测要素的实际尺寸处处加工到最大实体尺寸时，几何误差为零，即具有理想形状。 （　　）

9. 应用包容原则时，被测要素必须遵守其最小实体边界要求。 （　　）

10. 当实际要素处于最小实体尺寸时，允许的几何误差值最小，其允许值为尺寸公差值。 （　　）

11. 最大实体原则主要应用于保证装配互换性的场合。 （　　）

12. 对轴等外表面，其实效尺寸 = 最大实体尺寸（即轴的上极限尺寸）- 几何公差。 （　　）

13. 对孔等内表面，其实效尺寸 = 最大实体尺寸（即孔的下极限尺寸）+ 几何公差。 （　　）

三、选择题（将正确答案的代号填写在括号内）

1. 采用包容原则的单一要素应在其尺寸极限偏差或公差带代号之后加注符号（　　）。

A. Ⓔ　　B. Ⓜ　　C. Ⓛ　　D. Ⓡ

2. 当最大实体原则应用于被测要素时，应在几何公差框格中公差值后加注符号（　　）。

A. Ⓔ　　B. Ⓜ　　C. Ⓛ　　D. Ⓡ

四、简答题

1. 什么是垂直度公差？它包括哪几种？简述垂直度公差带的形状。

2. 什么是位置度公差？它包括哪几种？

3. 什么是圆跳动公差？

4. 什么是全跳动公差?

5. 将下列技术要求用代号标注在图 7–11 上。

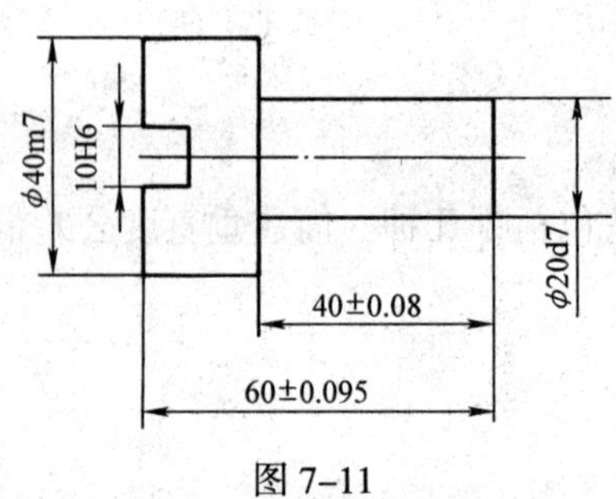

图 7–11

(1)ϕ20d7 圆柱面任一素线的直线度公差值为 0.05 mm(或 ϕ20d7 圆柱面任一素线必须位于轴向平面内距离为公差值 0.05 mm 的两平行直线之间)。

(2)ϕ40m7 圆柱面的轴线相对于 ϕ20d7 圆柱面的轴线的同轴度公差值为 ϕ0.01 mm(或 ϕ40m7 圆柱面的轴线必须位于直径为公差值 0.01 mm,且与 ϕ20d7 圆柱面的轴线同轴的圆柱面内)。

(3)10H6 槽的两平行平面中任一平面对另一平面的平行度公差为 0.015 mm(或 10H6 槽的两平行平面中任一平面必须位于距离为公差值 0.015 mm,且平行于另一平面的两平行平面之间)。

(4)10H6 槽的中心平面相对于 ϕ40m7 圆柱面的轴线的对称度公差值为 0.01 mm(或 10H6 槽的中心平面必须位于距离为公差值 0.01 mm,且相对 ϕ40m7 圆柱面的轴线的中心平面对称配置的两平行平面之间)。

(5)ϕ20d7 圆柱面的轴线对 ϕ40m7 圆柱右端面的垂直度公差值为 ϕ0.02 mm(或 ϕ20d7 圆柱面的轴线必须位于直径为公差值 0.02 mm,且垂直于 ϕ40m7 圆柱右端面的圆柱面内)。

6. 说明图 7–12 中所标注的平行度公差的含义。

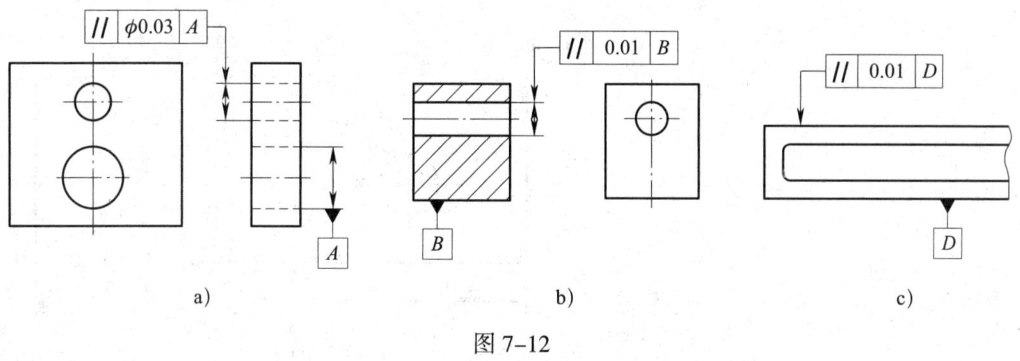

图 7–12

7. 说明图 7–13 中所标注的垂直度公差的含义。

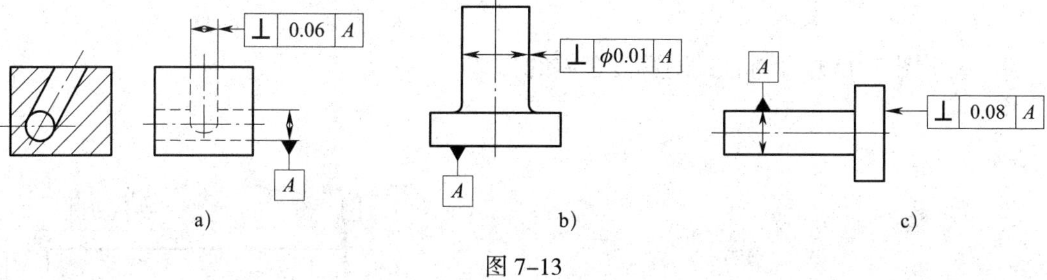

图 7–13

8．说明图 7–14 中所标注的位置度公差的含义。

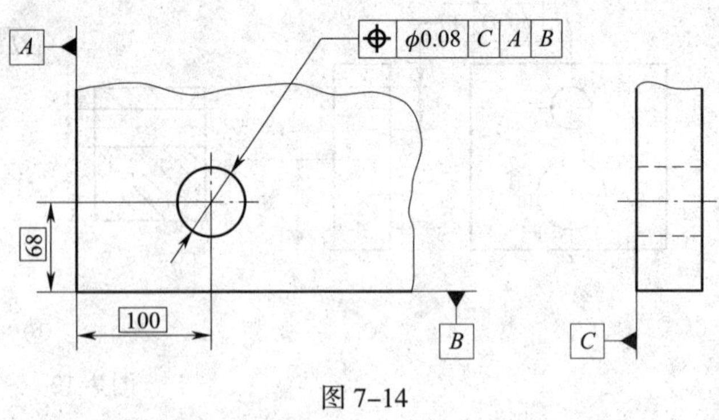

图 7–14

9．说明图 7–15 中所标注的对称度公差的含义。

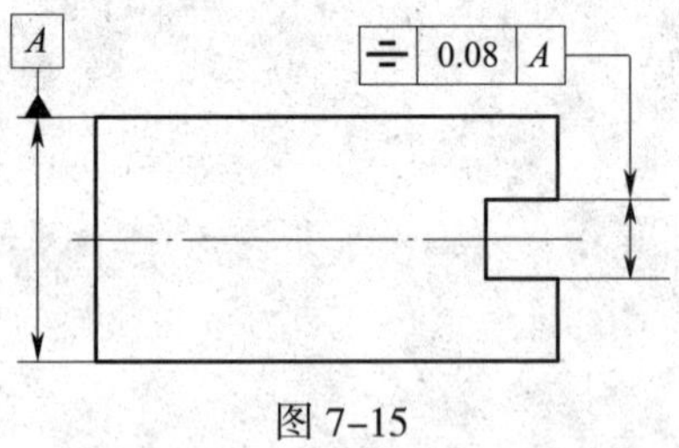

图 7–15

10．说明图 7–16 中所标注的同轴度公差的含义。

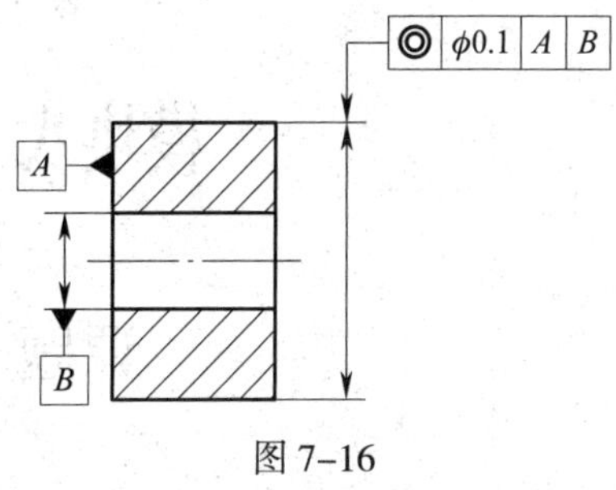

图 7–16

11．说明图 7–17 中所标注的圆跳动度公差的含义。

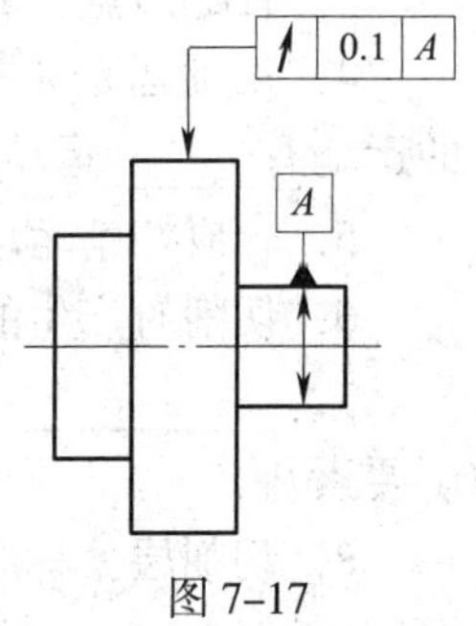

图 7–17

12．说明图 7–18 中所标注的全跳动度公差的含义。

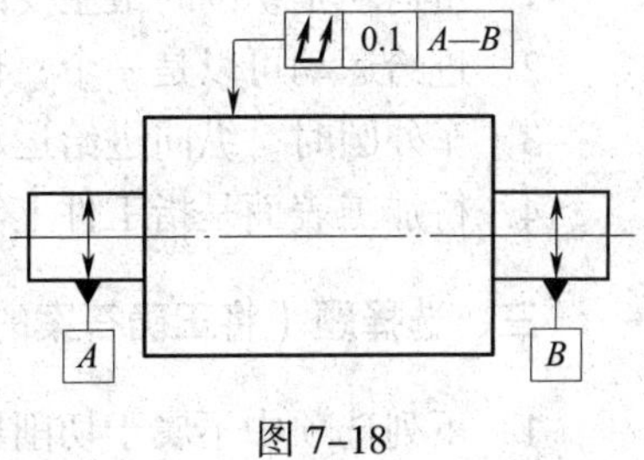

图 7–18

模块八　金属切削加工的基础知识

课题一　切削运动和切削要素

一、填空题（将正确答案填写在横线上）

1．进给速度是指在单位时间内，刀具在__________方向上相对于工件的位移量。

2．进给量是指工件或刀具每转一周时，刀具在__________方向上相对于工件的位移量。

3．背吃刀量一般指工件上________表面和________表面间的垂直距离。

4．切削运动是指切削加工时，______和______之间的相对运动。切削加工中必须具备的运动有______运动和______运动两种。

5．合成切削运动是由______运动和______运动合成的运动。

6．切削时产生的表面有________表面、________表面、________表面。

7．__________、__________和__________三者统称为切削用量三要素，也称为工艺的切削要素。

8．切削层公称厚度 h_D 是指______于工件过渡表面测量的切削层横截面尺寸，又称切削厚度。

9．切削层公称宽度 b_D 是指______于工件过渡表面测量的切削层横截面尺寸，又称切削宽度。

二、判断题（正确的打“√”，错误的打“×”）

1．主运动是切削时最主要的、消耗动力最多的运动。（　　）

2．进给运动可以是一个，也可以是多个，可以是连续的，也可以是间断的。（　　）

3．车外圆时，纵向进给运动是间断的，而横向进给运动是连续的。（　　）

4．待加工表面是指工件上等待切除的表面。（　　）

三、选择题（将正确答案的代号填写在括号内）

1．下列选项中不属于切削用量的是（　　）。

A．加工时间　　B．切削速度　　C．进给量　　D．背吃刀量

2．下列选项中关于切削速度的说法错误的是（　　）。

A．切削速度是指切削刃上选定点相对于工件的主运动的瞬时速度

B．当主运动是旋转运动时，切削速度是指圆周运动的最大线速度

C．切削速度的单位为 m/min 或 m/s

D．切削速度可用刀具或工件每转或每行程的位移量来表述和度量

3．工件上经过刀具切削后产生的新表面是（　　）。

A．待加工表面　B．已加工表面　　C．过渡表面

四、简答题

1．什么是主运动和进给运动？铣削和刨削中的主运动和进给运动分别是什么？

2．标注图 8–1 所示车削外圆时所形成的有关表面和切削运动方向。

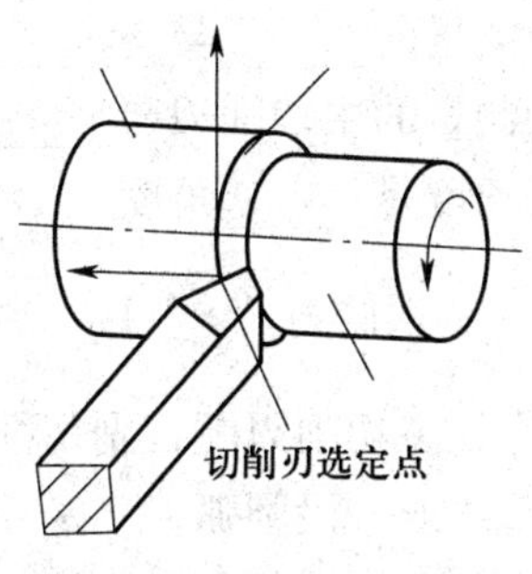

图 8–1

3．标注图 8–2 所示车削工件时的切削用量。

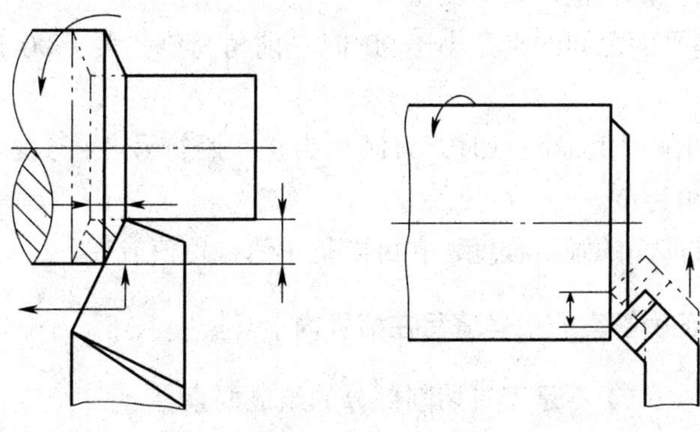

图 8–2

课题二　刀具切削部分的几何参数

一、填空题（将正确答案填写在横线上）

1. 90° 车刀的切削部分由“三面、两刃、一尖”组成，三面是指______面、______面、______面，两刃是指________刃、________刃，一尖是指______。

2. 刀具上切屑流过的表面称为______面。与工件上过渡表面相对的面称为______面。与工件上已加工表面相对的面称为______面。

3. 前面和主后面的交线称为______刃。前面和副后面的交线称为______刃。

4. 切断刀切削部分是“四面、三刃、两尖”，即______面、______面、两个______面、______刃、两个______刃、两个刀尖。

5. 通过切削刃上选定点，垂直于该点切削速度的平面称为________面。

6. 正交平面是指通过切削刃上选定点，同时垂直于________和________的平面。

7. 主偏角是指在基面中测量的______刃在基面上的投影与______方向之间的夹角。

8. 副偏角是指在基面中测量的____________刃在基面上的投影与背离进给方向之间的夹角。

9. 前角是指在正交平面中测量的______与______之间的夹角。

10. 主后角是指在正交平面中测量的______与________之间的夹角。

11. 刃倾角是指在切削平面中测量的主切削刃与______之间的夹角。

12. 真正对切削加工起作用的角度是______角度。

二、判断题（正确的打“√”，错误的打“×”）

1. 副切削刃担负主要切削工作，主切削刃配合副切削刃完成切削工作。（　　）

2. 刀尖可以是一个点、一条直线或一段圆弧。（　　）

3. 车刀的基面平行于车刀的安装面（底面）。（　　）

4. 切削平面是指通过切削刃上选定点，与该切削刃相切并垂直于基面的平面。（　　）

5. 主偏角可以为正值，也可以为负值。（　　）

6. 当前面与切削平面之间的夹角小于 90° 时，前角为负；大于 90° 时，前角为正。（　　）

7. 当刀尖为主切削刃上最高点时，刃倾角为正，用符号“+”表示；当刀尖为主切削刃上最低点时，刃倾角为负。（　　）

8. 前角表示刀具前面的倾斜程度，它可以是正值、负值或零。（　　）

三、选择题（将正确答案的代号填写在括号内）

1. 下列选项中（　　）不是刀具切削部分的组成要素。

A. 切削刃　　B. 刀柄　　C. 前面　　D. 后面

2．切削时起主要切削作用的是（　　）。

A．前面　　B．主后面　　C．主切削刃　　D．副切削刃

3．下列选项中关于切削平面的说法正确的是（　　）。

A．通过主切削刃选定点与主切削刃相切并垂直于基面的平面为主切削平面

B．通过主切削刃选定点与主切削刃相切并垂直于基面的平面为副切削平面

C．通过副切削刃选定点与副切削刃相切并垂直于基面的平面为主切削平面

D．通过切削刃选定点并同时垂直于基面和切削平面的平面为副切削平面

4．在基面中测量的角度为（　　）。

A．前角　　B．后角　　C．副偏角　　D．刃倾角

5．在主切削平面中测量的角度为（　　）。

A．前角　　B．后角　　C．副偏角　　D．刃倾角

6．主切削刃与副切削刃在基面上的投影间的夹角为（　　）。

A．前角　　B．后角　　C．副偏角　　D．刀尖角

7．在正交平面中测量的前面与后面的夹角为（　　）。

A．前角　　B．楔角　　C．副偏角　　D．刀尖角

8．前角、后角与楔角之和为（　　）。

A．45°　　B．60°　　C．90°　　D．180°

四、简答题

1．75° 车刀的切削部分由哪几部分组成？

2．标注图 8–3 所示刀具切削部分的主要角度。

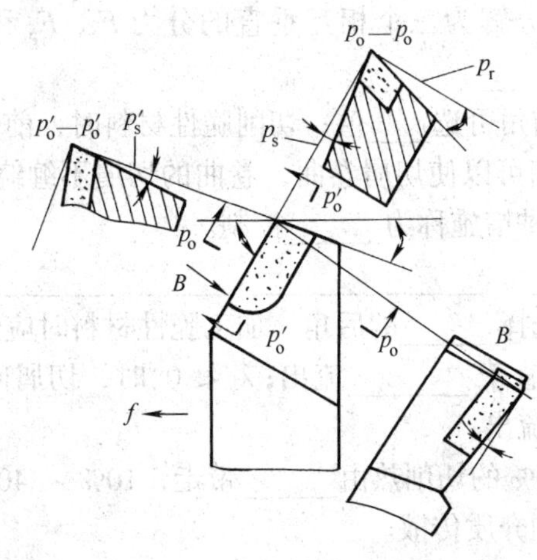

图 8–3

3．简述绘制 75° 车刀在正交平面参考系中几何角度的步骤。

课题三　提高切削加工质量及经济性的途径

一、填空题（将正确答案填写在横线上）

1．切削功率是指消耗在______过程中的功率。它是________和________消耗功率之和。

2．金属切削过程实质上就是产生______和形成______表面的过程。

3．金属切削时刀具与工件之间的相互作用力称为________。

4．总切削力 F 一般可分解为三个相互垂直的分力 F_c、F_p 和 F_f。F_c 为__________，F_p 为__________，F_f 为__________。

5．切削塑性材料时，前角可选____值；切削脆性材料时，前角可选____值。

6．前面上磨出______槽可以使切屑卷曲，卷曲的切屑不缠绕刀具和工件，因此，可控制切屑向外排出或折断，这种措施称为______控制。

7．断屑槽有______________、______________、______________三种形式。

8．加工塑性材料时应选择______的后角，加工脆性材料时应选择______的后角。

9．当 λ_s=0° 时，切屑垂直于________流出；$\lambda_s < 0°$ 时，切屑向________表面流出；$\lambda_s > 0°$ 时，切屑向________表面流出。

10．车削时，50% ~ 60% 的切削热由______带走，10% ~ 40% 传入______，3% ~ 9% 传入______，1% 左右由周围介质传散。

11．切削温度一般指切屑与______接触区域的平均温度。

12．刀具寿命指一把新刃磨的刀具从开始切削，到达到＿＿＿＿＿所经过的切削时间。

13．刀具总寿命是指一把新刀具从开始使用到报废为止的切削时间，它是＿＿＿＿＿和刀具＿＿＿＿＿的乘积。

14．粗车时进给量主要依据＿＿＿＿＿、＿＿＿＿＿、＿＿＿＿＿和背吃刀量选取。

15．切削液主要有两大类：一是水溶性切削液，以＿＿＿为主；二是油溶性切削液，以＿＿＿为主。

16．已加工表面质量包括＿＿＿＿＿＿、＿＿＿＿＿及残余应力的性质和大小等几方面。

二、判断题（正确的打“√”，错误的打“×”）

1．带状切屑一般出现在切削塑性金属、切削厚度较小、切削速度较高、刀具前角较大的加工中。（　　）

2．挤裂切屑（节状切屑）一般出现在切削速度较高、进给量较小、刀具前角较大的加工中。（　　）

3．当切屑在整个剪切面上剪应力都超过材料的抗拉强度时，就是颗粒状的。（　　）

4．背向力是校验机床刚度的必要依据。（　　）

5．进给力作用于机床进给机构上，是校验进给机构强度的主要依据。（　　）

6．工件材料的强度、硬度越高，则切削力越小；工件材料的塑性、韧性越好，则切削力越小。（　　）

7．切削铸铁等脆性材料时，切削速度对切削力影响比较大。（　　）

8．车削细长轴时，要减小背向力，提高刚度，减小变形，提高加工精度。（　　）

9．倒棱可以提高刃口强度，增强散热能力，从而延长刀具寿命。（　　）

10．在工艺系统刚度允许的情况下选择大的主偏角，可延长刀具寿命。（　　）

11．为了控制切削温度，应选用宽而薄的切屑断面形状。（　　）

12．在背吃刀量相同的情况下，刀具主偏角增大，主切削刃工作长度缩短，刀尖角减小，散热面积小，温度升高。（　　）

13．刀具磨损越大，切削温度越低。（　　）

14．月牙洼产生的地方是切削温度最低的地方。（　　）

15．粗加工铸铁、黄铜、青铜等脆性材料时，一般加水溶性切削液。（　　）

16．减小进给量和主偏角、副偏角，增大刀尖圆弧半径可减小表面粗糙度值。（　　）

三、选择题（将正确答案的代号填写在括号内）

1．切削脆性材料时较常见的切屑为（　　）。

A．带状切屑　　B．挤裂切屑　　C．粒状切屑　　D．崩碎切屑

2．（　　）是选择切削用量等的主要依据，也是消耗机床功率最多的。

A．主切削力　　B．背向力　　C．进给力　　D．摩擦力

3．切削铸铁等脆性材料时，选择切削用量应（　　）。

A．采用大的切削速度 v_c、较大的进给量 f 和小的背吃刀量 a_p

B．采用大的切削速度 v_c、较大的背吃刀量 a_p 和较小的进给量 f

C．采用大的背吃刀量 a_p、较大的进给量 f 和较小的切削速度 v_c

D．采用大的进给量 f、较大的背吃刀量 a_p 和小的切削速度 v_c

4．粗加工铸件、锻件或进行断续表面的加工时，应选择（　　）前面。

A．正前角平面型　　B．正前角平面带倒棱型

C．正前角曲面带倒棱型　　D．负前角单面型

四、简答题

1．在金属切削过程中，常见的切屑有哪几种？各有什么特点？

2．什么是变形系数？其意义是什么？

3．什么是积屑瘤？它对加工有什么影响？

4．控制积屑瘤的措施有哪些？

5．影响切削力的因素有哪些？

6．刀具前角有什么功用？选择前角的原则有哪些？

7．刀具后角有什么功用？选择后角的原则有哪些？

8．刃倾角有什么功用？如何选择刃倾角？

9．什么是刀具磨损？刀具正常磨损的形式有哪些？刀具磨损的过程分为哪几个阶段？衡量刀具磨损的指标是什么？

10．简述粗车时切削用量的选择原则。

11．简述半精车、精车时切削用量的选择原则。

12．什么是切削加工性？衡量切削加工性的指标有哪些？影响材料切削加工性的因素有哪些？

13．切削液的作用有哪些？

模块九　车 削 加 工

课题一　金属切削机床的分类与编号

一、填空题（将正确答案填写在横线上）

1. 通用机床的型号由基本部分和辅助部分组成，中间用____隔开，读作“之”。

2. 按加工性质和所用刀具不同，机床分为 11 大类，即______、钻床、镗床、______、齿轮加工机床、螺纹加工机床、______、刨插床、拉床、锯床和其他机床。

3. 结构特性代号用于区别________相同而结构不同的机床，用大写的汉语拼音字母并排在__________代号之后。

4. 机床的组、系代号用______表示，组合起来代表某一特定机床。

5. 机床型号中主参数用______值表示，位于系代号之后。

6. 通用特性代号按其相应的汉字字意读音，如“CK”表示__________。

7. 机床的__________用大写的汉语拼音字母表示，如车床用“C”表示，钻床用“Z”表示。

二、判断题（正确的打“√”，错误的打“×”）

1. 机床型号是按一定的规律赋予每种机床的一个代号，以便于机床的管理和使用。（　　）

2. 机床型号中的代号 C，读音为车；代号 T，读音为磨。（　　）

3. “MBG”表示半自动高精度磨床。（　　）

4. 通用特性代号已用的字母可以作为结构特性代号。（　　）

5. 主参数的折算值一般取 1/10，小型机床采用 1/1，大型机床采用 1/100。（　　）

6. MKG1340 表示高精度数控外圆磨床，最大磨削直径为 40 mm。（　　）

三、选择题（将正确答案的代号填写在括号内）

1. 类别代号中的字母 X 表示（　　）。

A. 车床　　B. 钻床　　C. 铣床　　D. 磨床

2. 类别代号中的字母 M 表示（　　）。

A. 铣床　　B. 钻床　　C. 车床　　D. 磨床

3. 通用特性代号中的字母 G 表示（　　）。

A. 高精密　　B. 精密　　C. 半自动　　D. 自动

4．CA6140 型卧式车床的主参数折算值为（　　）。

A．1　　B．1/10　　C．1/100　　D．1/1 000

5．下列选项中关于 M1432A 的解释正确的是（　　）。

A．表示经第一次重大改进后的万能外圆磨床

B．表示经第二次重大改进后的万能外圆磨床

C．表示经第一次重大改进后的万能铣床

D．表示经第二次重大改进后的万能铣床

四、简答题

解释下列机床型号的含义。

（1）CQ6140B

（2）MG1432A

（3）Z3080

（4）X6140

课题二　车　　床

一、填空题（将正确答案填写在横线上）

1．传动链是指把________和执行元件连接起来，或把两个执行元件连接起来，用来传递______和______的传动联系。

2．车床主运动传动链的首末两端为__________和________。车床的横向、纵向进给传动链的首末两端为______和______。

3．主轴箱固定于床身左上部，支承______部件，并使主轴及工件以所需速度旋转。

4．刀架部件装在床身的________导轨上，可通过机动、手动使安装在刀架上的刀具做______、______或斜向进给。

5．进给箱固定在床身左端前壁，内有______装置，用来改变机动进给的进给量或被加工螺纹的______。

6．溜板箱安装在刀架部件底部，通过光杠或丝杠接收自________传来的运动，并将运动传给______部件，实现______的纵向、横向进给或车螺纹运动。

7. CA6140 型车床传动系统由________传动链、________传动链、纵向进给传动链、横向进给传动链及__________传动链组成。

8. CA6140 型车床可以车削______、______、______、______四种标准螺纹，还可车削大导程、非标准及较精密的螺纹。

9. 纵向和横向进给方向是按照操作人员所在位置确定的，操作人员前进或后退的方向为______，向左或向右的方向为______。

二、判断题（正确的打“√”，错误的打“×”）

1. 一个机床有几种运动，就有几条传动链。（　）
2. 车模数螺纹传动链主要用于米制螺纹加工。（　）
3. 车径节螺纹传动链主要用于英制蜗杆加工。（　）
4. 车大导程螺纹时主轴可在各种转速下工作。（　）

三、选择题（将正确答案的代号填写在括号内）

1. CA6140 型车床主轴正转时可获得（　）级转速。

A. 30　B. 24　C. 20　D. 16

2. 1 in=（　）mm。

A. 10　B. 24　C. 25.4　D. 100

3. 支承主轴、带动工件做旋转运动的是（　）。

A. 主轴箱　B. 交换齿轮箱　C. 进给箱　D. 溜板箱

四、简答题

1. 写出 CA6140 型车床主运动传动链最高、最低转速的传动路线表达式，并计算最高、最低转速。

2. 齿轮在轴上的连接方式有哪几种？它们有什么不同？

课题三　车 削 加 工

一、填空题（将正确答案填写在横线上）

1．车削用于______表面的加工，加工时______旋转为主运动，______移动为进给运动。

2．当工件长度与直径的比大于______时，该工件为细长轴，应采用______和________装夹工件，以提高刚度。

3．精车外圆时，要校正尾座在底板上的______位置，保证前、后顶尖同轴。

4．单件、小批量生产时，用床鞍手轮上的______来控制轴向尺寸；成批生产时，可用______来控制轴向尺寸。

5．车孔用的刀具称为内孔车刀，又可分为______车刀和______车刀。

6．麻花钻由______、______和工作部分组成。麻花钻的柄部有____柄和____柄之分。

7．偏移尾座法的偏移量不仅与______长度有关，而且与______长度有关。

8．三角形螺纹的车削方法有低速车削和高速车削两种。低速车削用______螺纹车刀，高速车削用________螺纹车刀。

9．车螺纹时的进刀方法有______法、________法和______法三种。

10．中心孔有____型、____型、____型和____型。

11．对于精度要求较高、工序较多、需多次使用中心孔的工件，采用____型中心孔。

二、判断题（正确的打“√”，错误的打“×”）

1．中心架固定在床身上，车削时必须掉头、接刀；而跟刀架固定在中滑板上，与刀架一起移动，可一次车出细长轴的全长。（　　）

2．尾座套筒及车刀的伸出长度应尽量长。（　　）

3．车端面时，常用卡盘装夹工件，车刀做横向进给运动。（　　）

4．钻孔是粗加工，扩孔是半精加工。（　　）

5．转动小滑板法可加工任意角度和任意长度的内、外圆锥。（　　）

6．偏移尾座法适用于车削锥度较小而圆锥长度较长的外圆锥工件。（　　）

7．左右车削法只适用于较小螺距螺纹的车削。（　　）

8．固定顶尖定心准确，刚度高，适用于低速切削和工件精度要求较高的场合；回转顶尖定心精度不高，随着工件一起转动，适用于高速切削。（　　）

9．三爪自定心卡盘适用于装夹形状不规则的工件。（　　）

10．四爪单动卡盘装夹工件一般不需要找正，使用方便。（　　）

三、选择题（将正确答案的代号填写在括号内）

1．单件车削图 9–1 所示工件的圆锥面，宜采用的车削方法是（　　）。

A．偏置小滑板　　B．偏移尾座

C．使用靠模　　D．使用多刃刀具

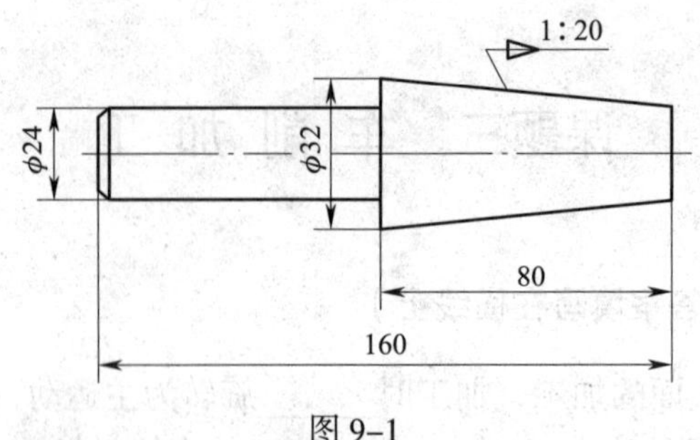

图 9–1

2. 螺纹车刀的刀尖角平分线应与工件轴线（　　），装刀时可用对刀样板调整。

A．交错　　B．相交　　C．平行　　D．垂直

3. 用转动小滑板法车圆锥时，若最大圆锥直径靠近主轴，小滑板应（　　）。

A．逆时针转动 $\alpha/2$（圆锥半角）　　B．顺时针转动 $\alpha/2$（圆锥半角）

C．逆时针转动 α（圆锥角）　　D．顺时针转动 α（圆锥角）

四、简答题

1. 安装切断刀时应注意哪些事项？

2. 车削锥面的方法有哪几种？各应用于什么场合？

3. 车床常用的装夹方法有哪些？

模块十　铣削、磨削加工

课题一　铣　　床

一、填空题（将正确答案填写在横线上）

1. 龙门铣床根据__________不同可分为单轴、双轴和四轴等多种形式。

2. 数控铣床是采用了________技术的机械设备，它通过________信息对铣床的运动及其加工过程进行控制，实现要求的加工动作。

3. 铣床的变速机构有______变速机构和______变速机构。

二、判断题（正确的打“√”，错误的打“×”）

1. 龙门铣床的工作台一般只能做纵向运动，垂直运动和横向运动则由铣头和龙门框架来完成。（　　）

2. 摇臂万能铣床能进行立铣、卧铣、镗削和插削等工序。（　　）

3. 加工中心、柔性制造单元均是在数控铣床的基础上发展起来的，主要也用于铣削加工。（　　）

三、选择题（将正确答案的代号填写在括号内）

1. 在卧式铣床上铣削工件时的主运动是（　　）。

A．铣刀的旋转

B．升降台沿垂直导轨的上下移动

C．工作台沿垂直于主轴轴线方向（纵向）移动

D．床鞍沿平行于主轴轴线方向（横向）移动

2. X6132 型卧式万能升降台铣床的主运动共有（　　）种不同的转速。

A．32　　B．30　　C．24　　D．18

四、简答题

1. 什么是铣削？在铣床上可以进行哪些铣削工作？

2．根据主轴的布置形式不同，升降台铣床可以分为哪几种？各有什么特点？

3．卧式升降台铣床主要由哪几部分组成？

课题二　铣 床 附 件

一、填空题（将正确答案填写在横线上）

1．常用的机用虎钳有回转式和固定式两种，回转式机用虎钳比固定式多了一个________，其钳身可以绕底座旋转________。

2．回转工作台主要用来______及铣削具有回转曲面的工件，如圆弧形周边、圆弧形槽、多边形槽、多边形工件和有______要求的槽或孔等。

3．回转工作台分为______进给和______进给两种，直径大于 250 mm 的均为______进给式。

4．在铣床上加工花键、离合器、齿轮等需圆周分度或有螺旋槽的零件时，常采用__________。

5．F11125 型万能分度头的主要功用是将工件做任意的______等分。

6．立铣头安装于卧式铣床________，由铣床主轴以传动比 $i=$____驱动立铣头主轴回转，使卧式铣床能起立式铣床的作用。

7．铣削正六边形工件，每铣完一面后，分度手柄应转过的转数为______。即每铣完一面后，分度手柄应在所选择的孔圈上（如孔圈数为 24）转过____整转，再转过______个孔距（分度叉界定孔数为______）。

8．分度手柄转 40 转，分度头主轴和工件转 1 转，即 360°，这相当于分度手柄转 1 转（360°）时，主轴和工件只转______。

9．除简单分度法和角度分度法外，还可在万能分度头上采用______分度、__________分度等多种分度方法。

10．空套在分度手柄轴上的分度盘用于分度手柄__________的分度。

二、判断题（正确的打“√”，错误的打“×”）

1．立铣头在垂直平面内的最大转动角度为 ±45°，其转速与铣床主轴转速相同。（　　）

2．万能铣头的主轴可在空间转动所需要的任一角度，从而完成更多空间位置的铣削工作。（　　）

3．工件的加工面应高出钳口，高出的尺寸以能把加工余量全部切完而不致切到钳口为宜。（　）

4．铣削正八边形工件，每铣完一面后，分度手柄应转过 6 转。（　）

5．分度手柄转$6\frac{2}{3}$转，如选择孔圈数为 54，分度手柄应转过 6 整转，再转过分度叉界定孔数为 36。（　）

三、选择题（将正确答案的代号填写在括号内）

1．用万能分度头简单分度时，分度手柄转 10 转，分度头主轴转过（　）转。

A．10　B．4　C．1/4　D．1/10

2．铣削正十边形工件，每铣完一面后，万能分度头的分度手柄应转过的转数为（　）。

A．1　B．3　C．4　D．6

3．铣削圆周 17 等分的工件，每次分度时手柄转过的圈数是（　）。

A．$2\frac{11}{34}$　B．$2\frac{18}{51}$　C．$2\frac{15}{42}$　D．$2\frac{9}{28}$

四、简答题

1．铣床上常用附件有哪些？其作用是什么？

2．简述机用虎钳的使用方法。

3．简述万能分度头的操作方法。

五、计算题

在铣床上利用F11125型万能分度头分度加工齿数为35的直齿圆柱齿轮，试选用分度孔圈并确定分度手柄的转数。

课题三　铣 削 加 工

一、填空题（将正确答案填写在横线上）

1．铣削时，各铣刀刀齿的切削是__________的，铣削过程中同时参与切削的刀齿数是________的，切屑厚度是变化的，因此，切削力是________的，存在冲击。

2．圆柱铣刀分______与______两种，主要用于粗铣及半精铣平面。

3．端铣刀有______式、______式和可转位式三种，用于粗、精铣各种平面。

4．立铣刀圆柱面上的螺旋切削刃是____切削刃，端面上的切削刃是____切削刃，故一般不宜做轴向进给。

5．键槽铣刀的外形与立铣刀相似，不同的是它在圆柱面上只有____个螺旋刀齿，其端面刀齿的切削刃延伸至中心，所以可以做适量的______进给。

6．三面刃铣刀分______、______和镶齿等几种，用于铣削各种槽、台阶平面、工件的侧面及凸台平面等。

7．角度铣刀分______铣刀、__________铣刀和不对称双角铣刀三种。

8．根据特形面的形状而专门设计的铣刀称为______铣刀。

9．铣削用量是指铣削过程中选用的__________、__________、________和背吃刀量 a_p。

10．铣削速度是指铣削时铣刀切削刃最大直径处的________。

11．侧吃刀量是指在垂直于______轴线方向上测得的铣削层尺寸。

12．背吃刀量是指在平行于______轴线方向上测得的铣削层尺寸。

13．铣刀的旋转方向与工件的进给方向相同时的铣削方式称为________。铣刀的旋转方向与工件的进给方向相反时的铣削方式称为________。

14．利用铣刀圆柱面上的切削刃进行铣削称为______铣。

15．铣平面的方法包括用______铣刀铣平面、用______铣刀铣平面、用___铣刀铣平面。

16．斜面的铣削方法有_____倾斜铣斜面、_____倾斜铣斜面和用角度铣刀铣斜面三种。

17．较宽的通槽一般用________铣刀加工，窄的通槽可用______铣刀或小尺寸的立铣刀加工。半通槽和封闭槽则用立铣刀或______铣刀加工。

18．铣削 V 形槽时应先加工底部直槽，然后用________铣刀铣削两侧斜面。

19．铣削 T 形槽时一般先用三面刃铣刀或立铣刀铣出______，然后用______铣刀铣出下部宽槽，使 T 形槽成形，最后用______铣刀进行倒角。

20．在示意图 10–1 横线上填写铣削加工的内容。

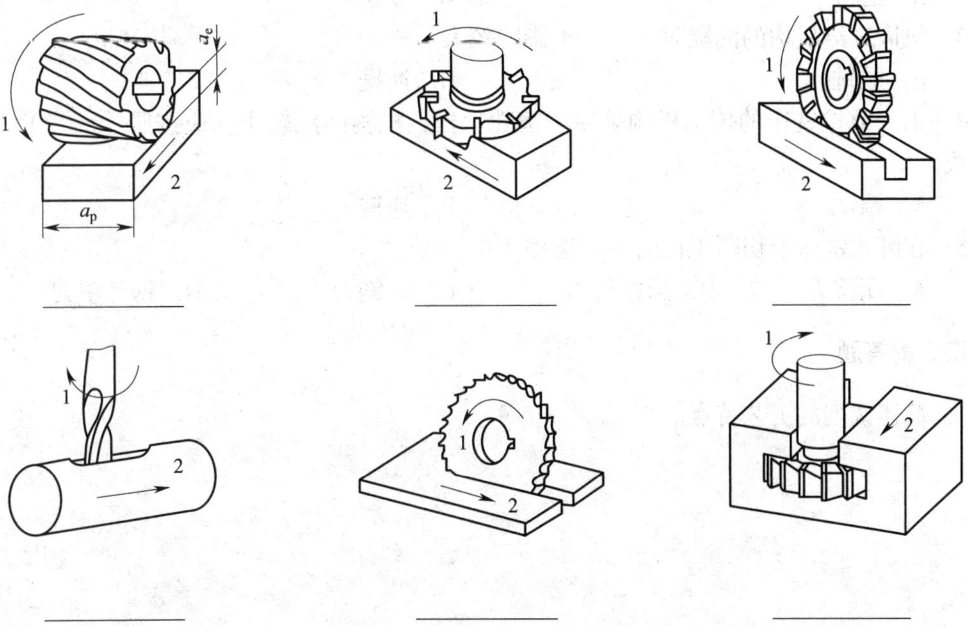

__________　　__________　　__________

__________　　__________　　__________

图 10–1

1—主运动　2—进给运动

二、判断题（正确的打“√”，错误的打“×”）

1．铣刀为多刃刀具，铣削时，各刀齿轮流承担切削工作，冷却条件好，刀具寿命长。（　　）

2．铣削键槽一般选用立铣刀。（　　）

3．铣削速度与铣刀的最大直径和铣刀转速有关。（ ）

4．顺铣时，铣刀对工件的作用力在垂直方向的分力始终向下，对工件起压紧作用。（ ）

5．铣削不易夹紧或细长的薄板形工件特别适宜采用逆铣。（ ）

6．工件表层存在硬皮和杂质时宜采用逆铣。（ ）

7．当铣床进给丝杠与螺母间隙较大时，宜采用顺铣。（ ）

8．顺铣时消耗在进给运动上的功率大于逆铣。（ ）

9．逆铣时容易引起打刀事故。（ ）

10．用立铣刀铣削封闭槽时应预钻直径略小于立铣刀直径的落刀孔。（ ）

三、选择题（将正确答案的代号填写在括号内）

1．圆周铣顺铣时，切屑的厚度（ ）。

A．由厚到薄　　B．由薄到厚

C．不变　　D．先由薄到厚，再由厚到薄

2．铣刀对工件的作用力在水平方向的分力小于工作台与导轨之间的摩擦力时，宜选用（ ）。

A．逆铣　　B．顺铣

3．机床进给机构的间隙对（ ）影响较大。

A．顺铣　　B．逆铣

4．由于数控铣床的传动机构采用了滚珠丝杠，机构间隙较小，应按照（ ）安排进给路线。

A．顺铣　　B．逆铣

5．在卧式铣床上切断工件时一般选用（ ）。

A．端铣刀　　B．圆柱铣刀　　C．立铣刀　　D．锯片铣刀

四、简答题

1．简述铣削的工艺特点。

2．加工平面常用的铣刀有哪些？

3．加工沟槽常用的铣刀有哪些？

4．铣削中的进给量根据实际需要可用哪三种方法表示？

5．顺铣与逆铣有什么区别？

6. 根据图 10–2 所示压板零件图制定其铣削工艺，填入表 10–1 中。

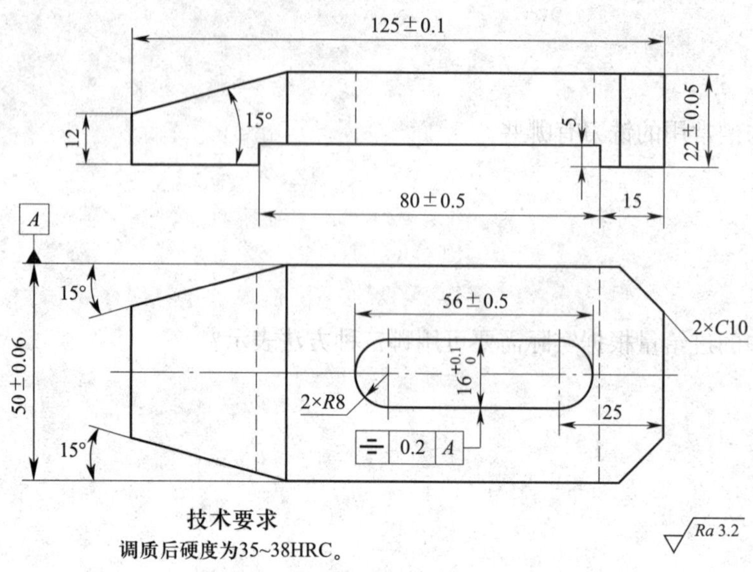

图 10–2

表 10–1

加工步骤	加工内容	加工方法
1		
2		
3		
4		
5		
6		

课题四　磨　　床

一、填空题（将正确答案填写在横线上）

1．磨削加工是用磨具以较高的________对工件表面进行加工的方法。

2．平面磨床包括__________平面磨床、__________平面磨床、________平面磨床、立轴圆台平面磨床等。

3．数控磨床是采用了______控制技术的机械设备，它通过________信息对磨床的运动及其磨削过程进行控制，实现要求的磨削动作。

4．现代磨床的主要发展趋势是提高机床的__________，提高机床的____________，进一步提高机床的加工精度并降低表面粗糙度值。

5．砂轮架用以支承砂轮______，可沿床身横向导轨移动，实现砂轮的______进给。

6．外圆磨床是主要用于磨削________和圆锥形外表面的磨床。一般工件装夹在______和______之间进行磨削。

二、判断题（正确的打“√”，错误的打“×”）

1．万能外圆磨床的头架可绕垂直轴线顺时针回转 0° ~ 90°。（　　）

2．万能外圆磨床的砂轮架可绕垂直轴线回转 -30° ~ 30°。（　　）

3．磨削外圆时的主运动为磨头的磨具（砂轮）的回转运动。（　　）

4．数控磨床主要用于一些复杂零件和精密零件的磨削及刀具的磨削。（　　）

三、选择题（将正确答案的代号填写在括号内）

1．万能外圆磨床的工作台由上、下两层组成，上层可绕下层中心线在水平面内顺（逆）时针回转（　　），以便磨削小锥角的长圆锥工件。

A．3°　　B．10°　　C．20°　　D．45°

2．万能外圆磨床工作台的纵向进给运动由床身内的（　　）驱动。

A．电气传动装置　　B．液压传动装置

C．传动带　　D．丝杠

四、简答题

1．万能外圆磨床的主要部件有哪些？

2．M7120A 型卧轴矩台平面磨床的主要部件有哪些？

课题五　磨削加工

一、填空题（将正确答案填写在横线上）

1．根据性能不同，磨料可分为______磨料和______磨料，前者包括氧化铝类（刚玉类）、碳化硅类等非超硬磨料，后者包括______、立方氮化硼等以显著提高硬度为特征的磨料。

2．砂轮的______是指结合剂黏结磨粒的牢固程度，它表示砂轮在外力（磨削抗力）作用下磨粒从砂轮表面脱落的______程度。

3．磨粒容易脱落的砂轮硬度低，称为______砂轮；磨粒不容易脱落的砂轮硬度高，称为______砂轮。

4．砂轮的组织是指磨具中________、________和气孔的体积比例。

5．砂轮组织分成三大类共 15 级，可用数字标记，通常为______；数字越大，表示组织越______。

6．结合剂是用来将分散的______黏结成具有一定形状和足够强度的磨具的材料。

7．用砂轮修整工具将砂轮工作表面已磨钝的表层修去，以恢复砂轮的切削性能和正确几何形状的过程称为砂轮的______。

8．在平面磨床上磨削平面有______磨削和______磨削两种形式。

二、判断题（正确的打“√”，错误的打“×”）

1．砂轮不仅可以磨削一般的金属材料，还可以磨削硬度很高的淬硬钢、高速钢、硬质合金、钛合金和玻璃等金属或非金属材料。（　　）

2．磨削是一种少切屑的加工方法，在一次行程中切除的金属量很小，金属切除效率低。（　　）

3．磨料应具备很高的硬度、一定的韧性以及一定的耐热性和热稳定性。（　　）

4．粗磨时一般选细粒度砂轮，精磨时选粗粒度砂轮。（　　）

5．磨软材料时，选细磨粒；磨硬材料时，选粗磨粒。（　　）

6．每一粒度号的磨料不是单一尺寸的粒群，而是若干粒群的集合。（　　）

7．一般来说，磨削硬工件材料时选择硬砂轮，磨削软工件材料时选择软砂轮。（　　）

8．组织号数字越小，表示砂轮组织越疏松，相应的磨粒率越低。（　　）

9．砂轮使用前必须仔细检查安装是否正确、牢固，以免在使用时发生破裂，造成人身和质量事故。（　　）

10．直径较大的砂轮均用法兰盘装夹，法兰盘的底盘和压盘直径必须相同，且不小于砂轮外径的 1/3。（　　）

三、选择题（将正确答案的代号填写在括号内）

1．下列选项中（　　）不是砂轮的硬度等级代号。

A．B　　B．E　　C．T　　D．U

2．下列选项中（　　）不属于磨料的性质。

A．极高的硬度　　B．极高的耐磨性和耐热性

C．相当的韧性　　D．很好的力学性能

3．下列硬度等级中（　　）最软。

A．Y　　B．A　　C．H　　D．P

4．R 为（　　）结合剂代号。

A．陶瓷　　B．橡胶　　C．塑料　　D．增强橡胶

四、简答题

1．砂轮由哪几部分组成？衡量砂轮特性的要素有哪些？

2．什么是磨料？什么是磨粒？制造砂轮的磨料有哪几类？

3．什么是磨料的粒度？有多少个粒度号？根据什么规定粒度号？应如何选择？

4．砂轮的硬度与磨粒的硬度有什么不同？“砂轮的硬度高，磨粒的硬度也一定高”这种说法是否正确？

5. 砂轮的强度用什么表示？

6. 在外圆磨床上磨削外圆的方法有哪几种？各有什么特点？

7. 磨削内孔为什么比磨削外圆困难？

8．在万能外圆磨床上磨外圆锥面有哪几种方法？各适用于什么场合？

9．解释下面固结磨具标记中各符号的含义。

平形砂轮 GB/T 2485 1 N–300×50×76.2（*X* 17 *V* 60）–…A /F80 L 5 V–50m/s

模块十一　刨削、钻削、镗削加工

课题一　刨床及刨削加工

一、填空题（将正确答案填写在横线上）

1．刨削加工是在刨床上利用刨刀（或工件）的________运动进行切削加工的一种方法，主要用于平面和沟槽的加工。

2．刨削时的主运动是__________所做的往复直线运动，进给运动是工件或刨刀沿垂直于________方向所做的间歇移动。

3．刨床的顶部和前侧面分别有水平导轨和垂直导轨。滑枕连同刀架可沿______导轨做往复直线运动（主运动），横梁连同工作台可沿______导轨升降。

4．在刨床上可以刨削______、______和______等。

二、判断题（正确的打“√”，错误的打“×”）

1．龙门刨床主要用于加工中、小型零件，牛头刨床常用于加工大型零件或同时加工多个零件。（　　）

2．刨刀在刀架上不能伸出过长，一般伸出长度为刀柄厚度的 1.5 ~ 2 倍比较适宜。（　　）

3．刨削加工通用性好，工件表面硬化小，但生产率较低，切削时冲击力大，适用于中、低速切削。（　　）

三、简答题

1．简述牛头刨床的主运动与进给运动。

2．牛头刨床主要由哪些部件组成？各有什么作用？

课题二　钻床及钻削加工

一、填空题（将正确答案填写在横线上）

1．麻花钻切削刃外缘处的________为钻削速度。

2．钻削时麻花钻每转一转，钻头与工件在进给方向（麻花钻轴向）上的相对位移量称为__________，单位为 mm/r。

3．常用的钻床有______钻床、______钻床、______钻床、钻铣床和中心孔钻床等，钻床的主参数一般为______钻孔直径。

4．摇臂钻床有一个能绕______回转的摇臂，摇臂带着主轴箱可沿______轴线上下移动。

5．用钻头在______材料上加工孔的方法称为钻孔。

6．用扩孔工具扩大工件孔径的加工方法称为______。

7．扩孔的加工精度一般为__________，表面粗糙度 *Ra* 值为________μm。

8．铰孔是用________从工件孔壁上切除微量金属层，以提高其尺寸精度并降低其表面粗糙度值的方法。

二、判断题（正确的打“√”，错误的打“×”）

1．钻孔时的背吃刀量为麻花钻直径的一半。　（　　）

2．钻削较深的孔时，要经常退出钻头，排出切屑，并进行冷却、润滑；为防止因切屑堵塞而扭断钻头，还应采用较小的进给量。（　　）

3．摇臂钻床适用于在小型工件上钻、扩直径为 12 mm 以下的孔。（　　）

4．钻孔后进行扩孔，可以校正孔的轴线偏差，使其获得较正确的几何形状与较低的表面粗糙度值。（　　）

三、选择题（将正确答案的代号填写在括号内）

加工大型多孔工件应采用（　　）钻床。

A．台式　　B．立式　　C．摇臂　　D．深孔

四、简答题

1．什么是钻削？钻削的主运动和进给运动是什么？

2．立式钻床和摇臂钻床有什么不同？在使用上各有什么特点？

3．简述钻削的工艺特点。

课题三 镗床及镗削加工

一、填空题（将正确答案填写在横线上）

1．常用的镗床有______镗床、______镗床、坐标镗床和精镗床等。

2．坐标镗床是一种高精密机床，主要用于镗削______的孔，特别适用于镗削________精度很高的孔系，如钻模、镗模等孔系。

3．T618 为卧式镗床，其主轴直径为______mm。

4．坐标镗床有立式和卧式两种。立式坐标镗床适用于加工轴线与安装基准面______的孔系和铣削顶面，卧式坐标镗床适用于加工轴线与安装基准面______的孔系和铣削侧面。

5．镗孔的经济精度等级为________，表面粗糙度 Ra 值为________μm。

6．用长镗刀杆一端插入主轴孔，另一端穿越工件预制孔由后立柱支承，主轴带动______旋转做主运动，工作台带动______做纵向进给运动，即可镗削出直径相同的两同轴孔。

二、判断题（正确的打“√”，错误的打“×”）

1．加工箱体零件孔系前应首先将该箱体零件的基准平面（底平面）在刨床或铣床上加工好。（ ）

2．若两平行孔的轴线在同一水平面内，则在镗削完一个孔后，将工作台（工件）横向移动一个孔距，即可进行另一个孔的镗削。（ ）

3．卧式镗床特别适用于加工形状、位置要求较严格的孔系。（ ）

4．T618 型镗床的主轴箱可沿前立柱上的导轨上下移动，以调节主轴的垂直位置和实现沿前立柱方向的上下进给运动。（ ）

5．在镗床上不能镗削外螺纹，能镗削内螺纹。（ ）

6．在镗床上只能加工孔，不能加工平面。（ ）

7．镗床多种部件能实现进给运动，因此，工艺适应能力强，能加工形状多样、大小不一的各种工件的多种表面。（ ）

三、选择题（将正确答案的代号填写在括号内）

1．镗削时的主运动为（ ）。

A．工件的旋转运动　　B．镗刀的旋转运动

C．工件的移动　　D．镗刀的移动

2．图 11–1 所示为镗削（　　）。

A．端面　　B．内孔　　C．内螺纹　　D．锥体

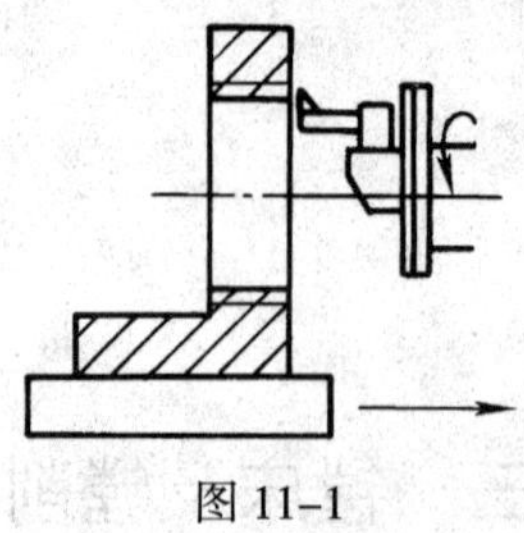

图 11–1

四、简答题

1．在镗床上除镗孔外，还能完成哪些工作？

2．在镗床上如何镗削螺纹？

3．简述镗削的工艺特点。

课题四　孔加工刀具

一、填空题（将正确答案填写在横线上）

1．标准麻花钻导向部分在钻削时起______作用，也是切削部分的后备部分。为了减小导向部分与孔壁的摩擦，其直径向尾部方向制造成______，即前大后小。

2．柄部是麻花钻上的______部分，切削时用来传递______。

3．麻花钻螺旋槽上最外缘的螺旋线展开成直线后与麻花钻轴线之间的夹角称为______。

4．横刃斜角是横刃与__________在端平面（与钻头轴线垂直的平面）上投影线之间的夹角。横刃斜角一般取__________。

5．镗刀是指在镗床和组合机床等设备上进行________的刀具。

6．镗刀种类很多，按切削刃数量可分为______镗刀、______镗刀。

二、判断题（正确的打"√"，错误的打"×"）

1．小直径的直柄麻花钻一般没有颈部。 （ ）

2．减小螺旋角，可获得较大的前角，使切削轻快，易于排屑；但会削弱切削刃强度及钻头刚度。 （ ）

3．钻头顶角的大小影响尖端强度、前角和轴向抗力。顶角大，钻头尖端强度高，并可加大前角，但钻削时轴向抗力大。 （ ）

4．麻花钻前角的大小影响切屑的形状和主切削刃的强度，决定切削的难易程度。 （ ）

5．后角的大小影响后面的摩擦和主切削刃的强度，后角越大，麻花钻后面与工件已加工表面的摩擦越小，但刃口强度则降低。 （ ）

6．当钻心处后角较大时，横刃斜角就较小，横刃相应增长，钻头定心作用变差，轴向抗力增大。 （ ）

7．钻孔后进行扩孔，可以校正孔的轴线偏差，使其获得较正确的几何形状与较低的表面粗糙度值。 （ ）

8．铰刀的切削厚度较小，磨损一般发生在前面上，故应在工具磨床上沿铰刀前面进行修磨。 （ ）

9．应用浮动镗刀能纠正孔的直线度误差和位置度误差。 （ ）

10．麻花钻横刃太长，定心差，轴向抗力大。 （ ）

三、选择题（将正确答案的代号填写在括号内）

1．标准麻花钻的螺旋角一般为（ ）。

A．118°　　B．50° ~ 55°　　C．25° ~ 32°　　D．22° ~ 25°

2．标准麻花钻的顶角为（ ）。

A．118°　　B．59°　　C．32°　　D．25°

四、简答题

1．标准麻花钻由哪几部分组成？

2．标准麻花钻主要角度有哪些？

3．标准麻花钻有哪些缺点？应如何解决？

4．简述群钻的特点。

5．扩孔钻有什么特点？

6. 铰刀由哪几部分组成?

7. 在图 11–2 中标出麻花钻切削部分的名称。

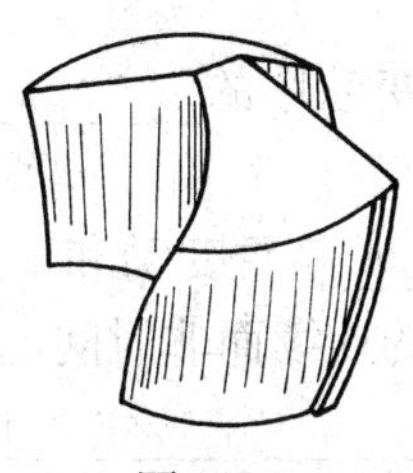

图 11–2

模块十二　机械加工工艺及夹具的基本知识

课题一　基 本 概 念

一、填空题（将正确答案填写在横线上）

1. 改变生产对象的______、______、________或性质等，使其成为成品或半成品的过程，称为工艺过程。

2. 采用机械加工的方法直接改变毛坯的______、______和________，使之成为产品零件的过程称为机械加工工艺过程。

3. 区分工序的主要依据是________是否变动和工作是否连续，加工中设备是否变化很容易判断，但连续性是指__________的连续而非时间上的连续。

4. 构成工步的任一因素（__________、__________或切削用量）改变后，一般即变为另一个工步。

5. 为了提高生产效率，将用几把刀具同时加工几个表面的工步称为__________。

6. 在一个工步中，若被加工表面需切去的金属层很厚，需要几次切削，则每一次切削就称为__________。

7. 在工件加工前，将其在机床或夹具中定位、夹紧的过程称为______。

8. 产品（或零件）的生产纲领是指企业在计划期内生产的产品（或零件）________和__________。

9. 同一产品（或零件）每批投入生产的数量称为______。

10. 根据产品的特征和批量大小，成批生产可分为_____生产、_____生产和_____生产。

11. 机械加工工艺规程是规定零件______________和______________的技术文件。

12. 机械加工工艺过程卡片是以______为单位，说明零件整个机械加工过程的一种工艺文件。

二、判断题（正确的打“√”，错误的打“×”）

1. 一个工序可包括一个工步，也可包括几个工步。（　　）

2. 在一道工序中，工件只能安装一次。（　　）

3. 大量生产对操作人员的技术水平要求高。（　　）

4. 成批生产一般不使用专用夹具。（　　）

三、选择题（将正确答案的代号填写在括号内）

1. 构成工序的要素是（　　）。

A．工作地点和工人　　　　　　　　B．工人和零件

C．工人、零件和连续作业　　　　　D．工作地点、工人、零件和连续作业

2．在工件加工前，首先应保证其位置正确，找出工件正确位置的过程称为（　　）。

A．工序　　　B．安装　　　C．定位　　　D．工步

四、名词解释

1．工序

2．工步

3．工位

五、简答题

1．机械产品的生产过程主要包括哪些内容？

2．企业的生产类型包括哪几种？各有什么特点？

3．制定工艺规程包含哪些步骤？

4．一夹一顶装夹并车削如图 12-1 所示的台阶轴工件一端外圆，加工内容如下：车 ϕ32 mm 外圆，长 71 mm；车 ϕ29 mm 外圆，长 56 mm；车 ϕ26 mm 外圆，长 33 mm。各外圆均一次走刀车成。试问：该工件的加工有几道工序？几次安装？几个工位？几个工步？

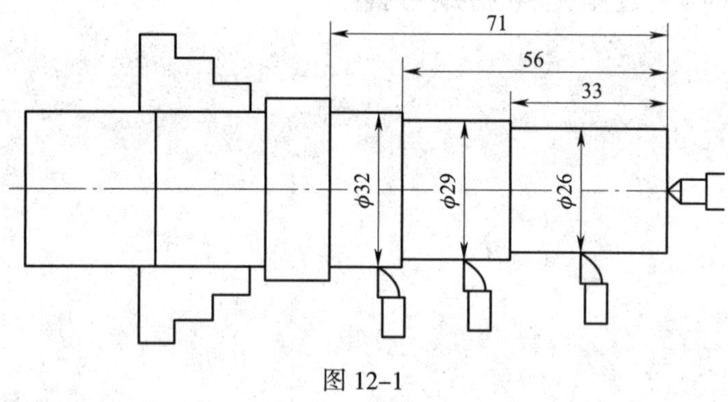

图 12-1

课题二　零件的结构工艺性分析

一、填空题（将正确答案填写在横线上）

1．在制定零件的工艺规程时，必须先对零件进行______分析。

2．各种零件都是由一些______表面和______表面组成的。

3．零件的结构工艺性是指零件的结构在保证使用要求的前提下，能否以较高的______和最低的______方便地制造出来的特性。

二、简答题

1．零件的技术要求分析包括哪几个方面？

2．图 12–2 所示为螺纹轴，试分析其机械加工的结构工艺性。

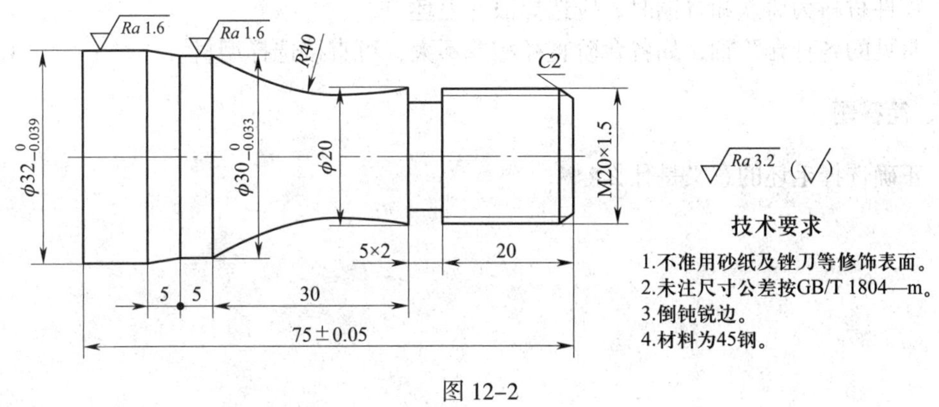

图 12–2

课题三　毛坯的选择

一、填空题（将正确答案填写在横线上）

1．机械加工中常见的毛坯有______、______、______和焊接件。

2．若工件各台阶直径相差较大，为减少材料消耗和机械加工劳动量，宜选择______毛坯。

3．毛坯尺寸和零件尺寸的差值称为______________，毛坯尺寸的公差称为_________。

4．当零件的生产纲领较大时，应选择______和______都较高的毛坯制造方法。

二、判断题（正确的打“√”，错误的打“×”）

1．对于形状复杂的毛坯，宜采用铸件。（　　）

2．模锻适用于单件、小批量生产以及大型锻件的生产。（　　）

3．冷拉型材尺寸较小，精度较高，多用于制造毛坯精度要求较高的中、小型零件，适用于在自动机床上加工。（　　）

4．零件材料为铸铁和青铜时，应选择锻件毛坯。（　　）

5．常见的各种台阶轴，如各台阶直径相差不大，可直接选择型材。（　　）

三、简答题

1．正确选择毛坯的意义是什么？

2．毛坯选择有哪两种方向？各有什么特点？

3．选择毛坯时应考虑哪些因素？

4．如图 12–3 所示零件为汽车变速器拨叉，批量生产，试选择该零件的毛坯。

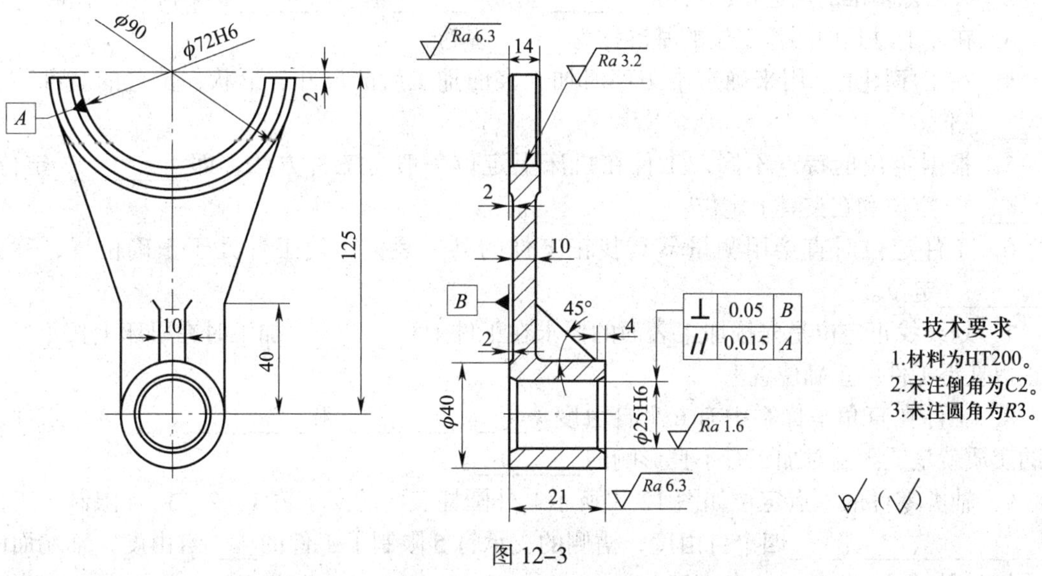

图 12–3

课题四　工件的定位

一、填空题（将正确答案填写在横线上）

1．根据基准的作用不同，可分为______基准和______基准两类。在设计图样上所采用的基准称为______基准。在工艺过程中所使用的基准称为______基准。

2．按工艺基准的用途不同可分为______基准、______基准、______基准和工序基准。

3．在加工过程中用作定位的基准称为______基准。

4．在工序图上，用来确定本工序所加工表面加工后的尺寸、形状、位置的基准称为______基准。

5．根据定位的特点不同，工件在机床上定位一般有三种方法，即__________定位、__________定位和在夹具上定位。

6．工件定位时直接用测量器具找正工件的某一表面，使工件处于正确位置，称为__________定位。

7．划线找正定位是先按加工表面的要求在工件上________，加工时在机床上按______找正以获得工件的正确位置。

8．工件在直角坐标系中有 6 个自由度（____、____、____和____、____、____），工件定位的实质就是要限制对加工有不良影响的________。

9．轴类零件的六点定位如图 12–4 所示，外圆柱表面的支承钉 1、2、3、4 限制了工件的____、____、____、____四个自由度，槽侧的支承钉 5 限制了工件的____自由度，轴端面的支承钉 6 限制了工件的____自由度。

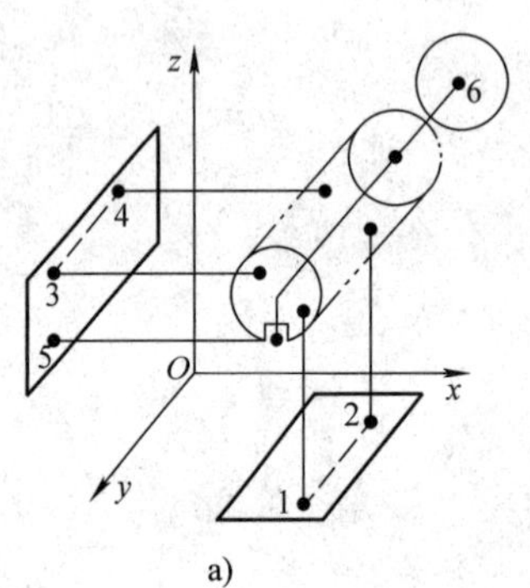

a)

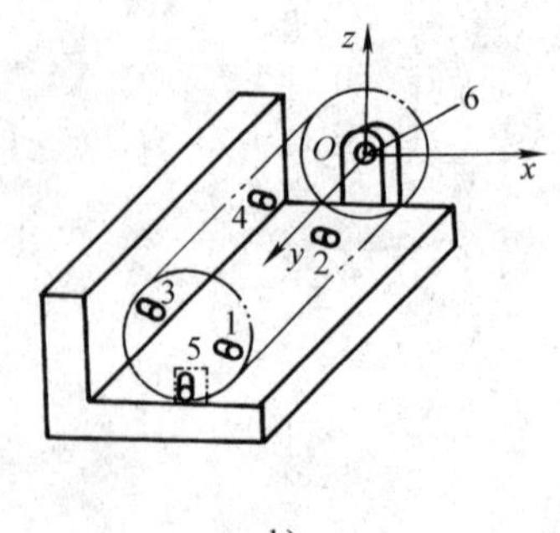

b)

图 12–4

10．当被加工面只有一个方向的位置要求时，需要限制工件的____个自由度。当被加工工件有两个方向的位置要求时，需要限制工件的____个自由度。

11．工件在实际定位时常用的定位方式有以______定位和以________定位。

12．粗基准平面常用的定位元件有______支承钉和______支承钉。

13．工件以圆柱表面定位就是采用工件上的______为定位基准面。

14．定位误差由两部分组成，即____________误差和____________误差。

二、判断题（正确的打“√”，错误的打“×”）

1．定位基准一般由工艺人员选定，它对保证零件的尺寸精度和位置精度起着重要作用。（ ）

2．划线找正定位法受到划线精度的限制，定位精度低，多用于批量较小、毛坯精度较低以及大型零件的粗加工。（ ）

3．使用夹具定位时，工件在夹具中迅速而正确地定位与夹紧。（ ）

4．定位的任务首先是消除工件的自由度。（ ）

5．无论工件的形状和结构有什么不同，它们的6个自由度都可以用6个支承点限制，只是6个支承点的分布不同而已。（ ）

6．工件应被限制的自由度数量与工件被加工面的位置要求不存在对应关系。（ ）

7．工件的6个自由度全部被限制，这种定位称为完全定位。（ ）

8．不允许不完全定位，因为它没有限制全部的自由度。（ ）

9．欠定位是不允许的，因为工件在欠定位的情况下将不能保证加工精度的要求。（ ）

10．在采用调整法加工一批零件时，定位误差的值是工序基准在加工尺寸方向上的最小位置变动量。（ ）

三、选择题（将正确答案的代号填写在括号内）

1．用来确定零件或部件在产品中的相对位置所采用的基准称为（ ）。

A．定位基准　　B．测量基准

C．装配基准　　D．工序基准

2．测量工件时所采用的基准称为（ ）。

A．定位基准　　B．测量基准

C．装配基准　　D．工序基准

3．1个支承钉限制（ ）个自由度。

A．1　　B．2　　C．3　　D．4

4．短圆柱销限制（ ）个自由度。

A．1　　B．2　　C．3　　D．4

5．长圆柱销限制（ ）个自由度。

A．1　　B．2　　C．3　　D．4

6．圆柱定位心轴定位时限制工件的（ ）个自由度。

A．3　　B．4　　C．5　　D．6

7．圆锥定位心轴定位时限制工件的（　　）个自由度。

A．3　　B．4　　C．5　　D．6

8．当被加工面有 3 个方向的位置要求时，需要限制工件的（　　）个自由度。

A．3　　B．4　　C．5　　D．6

四、简答题

1．如图 12–5 所示为某工件的钻孔工序图，试确定工序基准及工序尺寸。

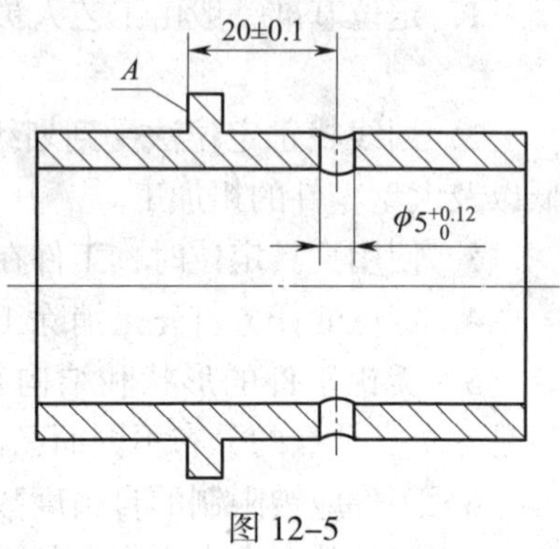

图 12–5

2．如图 12–6 所示为铣削套筒键槽时的两种定位情形：图 12–6b 所示为按平面定位，图 12–6c 所示为按心轴定位。试确定两种定位情形的工序基准。

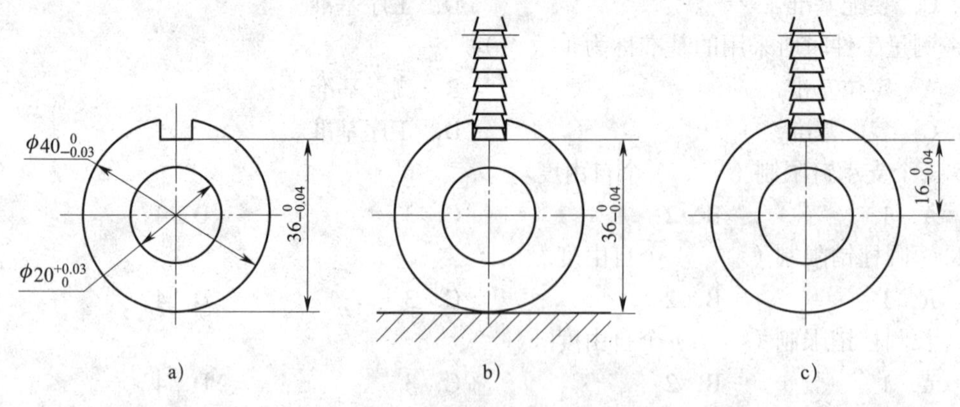

图 12–6

a）套筒工序图　b）以平面定位铣套筒键槽　c）以心轴定位铣套筒键槽

3．什么是六点定位原理？什么是不完全定位、欠定位和重复定位？这些定位方式在设计夹具定位方案时可否采用？为什么？

4．限制工件的自由度与加工要求有什么关系？

5. 根据如图 12–7 所示工件的工序要求，分析图中各工件加工时所需限制的自由度。

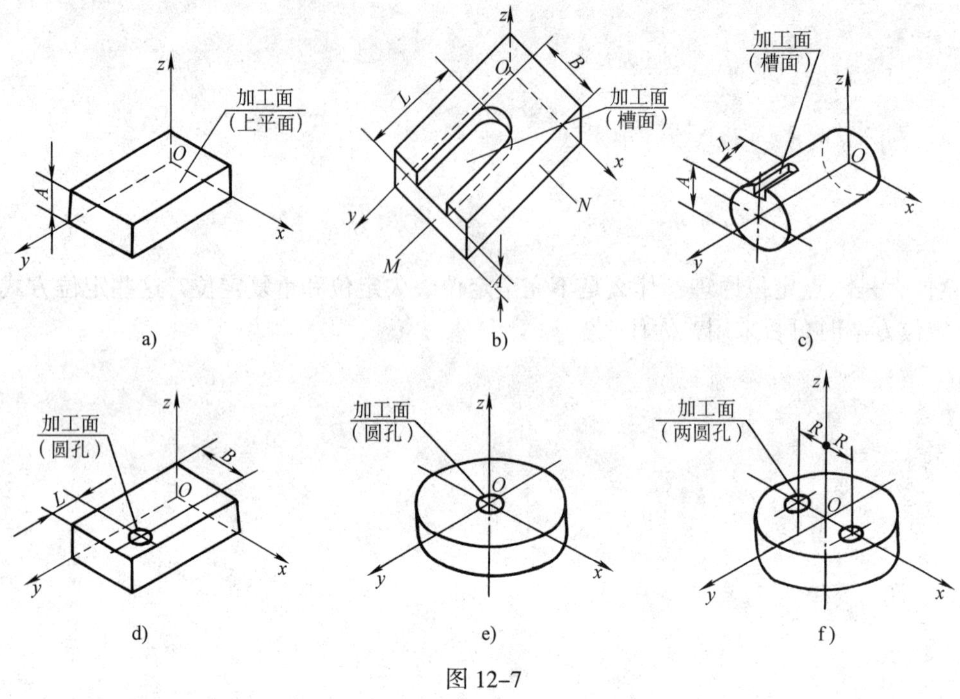

图 12–7

6．根据六点定位原理分析图 12–8 所示各定位方案中定位元件限制的自由度，并分析各种定位方案中有无重复定位现象。

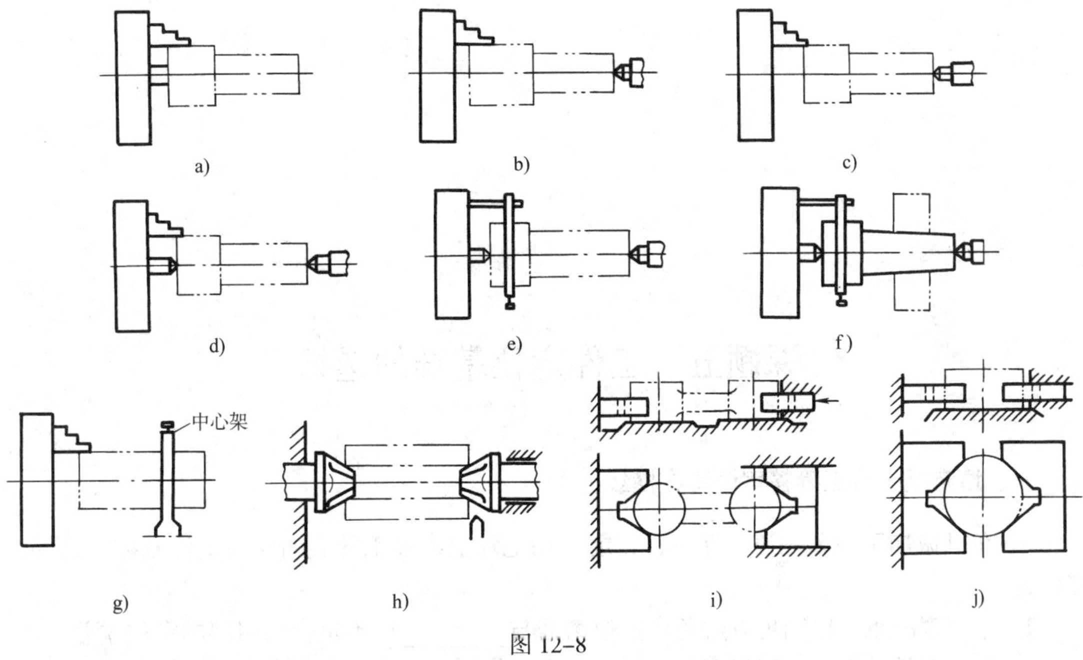

图 12–8

7．什么是定位误差？定位误差是由什么因素引起的？

课题五　工件定位基准的选择

一、填空题（将正确答案填写在横线上）

1．在机械加工的第一道工序中，只能使用毛坯上未加工的表面作为定位基准，这种基准称为________。

2．采用基准重合原则可以避免由定位基准与__________不重合而引起的定位误差。

3．同一零件的多道工序尽可能选择同一个定位基准，称为__________原则。

4．对于研磨、铰孔等精加工或光整加工工序，要求余量小而均匀，选择加工表面本身作为定位基准，称为________原则。

5．为使各加工表面之间具有较高的位置精度，或为使加工表面具有均匀的加工余量，可采取两个加工表面互为基准反复加工的方法，称为__________原则。

6．为了满足工艺需要，在工件上专门设计的定位面称为______基准。

二、判断题（正确的打"√"，错误的打"×"）

1．采用已加工过的表面作为定位基准，这种基准称为粗基准。（　　）

2．粗基准可以重复使用。（　　）

3．粗加工时所用的定位基准称为粗基准，精加工时所用的定位基准称为精基准。（　　）

4．轴类零件常使用其外圆表面作为统一精基准。（　　）

5．定位基准只允许使用一次，不准重复使用。（　　）

三、选择题（将正确答案的代号填写在括号内）

1．在选择粗基准时，为保证加工表面与非加工表面的位置关系，应选（　　）作为粗基准。

A．非加工表面　　B．加工表面

C．非加工表面和加工表面　　D．非加工表面或加工表面

2．对于全部表面均须加工的零件，其粗基准表面的选择条件是（　　）。

A．加工余量最小的　　B．外形尺寸大的

C．尺寸精度要求高的　　D．表面粗糙度值小的

3．用心轴装夹加工图 12–9 所示工件的尺寸（40 ± 0.1）mm，为保证要求，应采用（　　）作为轴向定位基准。

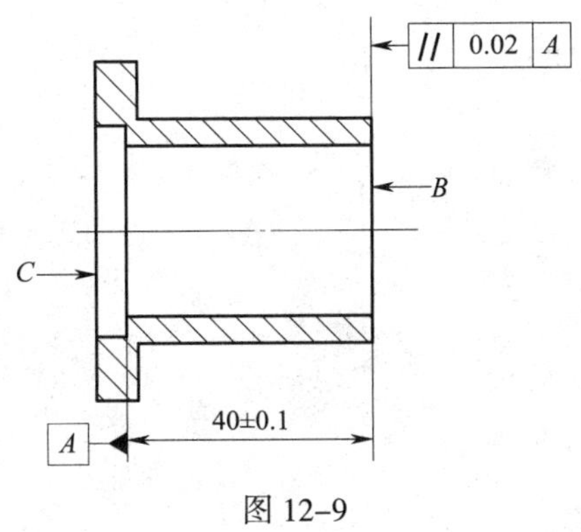

图 12–9

A．A 面　　B．B 面　　C．C 面　　D．轴肩面

4．车床主轴轴颈和锥孔的同轴度要求很高，因此常采用（　　）的方法来保证。

A．基准重合　　B．互为基准　　C．自为基准　　D．基准统一

5．在磨一个轴套时，先以内孔为基准磨外圆，再以外圆为基准磨内孔，这是遵循（　　）的原则。

A．基准重合加工　　B．基准统一加工

C．互为基准加工　　D．不同基准加工

6．选择精基准时，有时可设法在零件上专门加工一组供工艺定位用的辅助基准，其目的是（　　）。

A．便于基准重合加工

B．便于互为基准加工

C．便于统一基准加工

D．使定位准确，夹紧可靠，夹具结构简单，工件安装方便

7．自为基准以加工面本身为精基准，多用于精加工或光整加工工序，这种加工方法（　　）。

A．仅保证加工面的形状精度

B．仅保证加工面的位置精度

C．能保证加工面的尺寸精度和形状精度

D．能保证加工面的形状精度和位置精度

8．采用（　　）加工，可以提高生产效率，保证被加工表面间的相互位置精度。

A．统一基准　　B．多工位

C．基准重合　　D．互为基准

9．下列选项中不能提高零件被加工表面定位基准的位置精度的定位方法是（　　）。

A．基准重合　　B．基准统一

C．自为基准　　D．基准不变

10．套类零件以心轴定位车削外圆时，其定位基准面是（　　）。

A．心轴外圆柱面　　B．工件内圆柱面

C．心轴轴线　　D．工件孔轴线

四、简答题

1．粗基准选择原则有哪些？

2．精基准选择原则有哪些？

3．加工图 12–10 所示齿轮（毛坯为模锻件）时，如何选择粗基准和精基准？试简要说明理由。

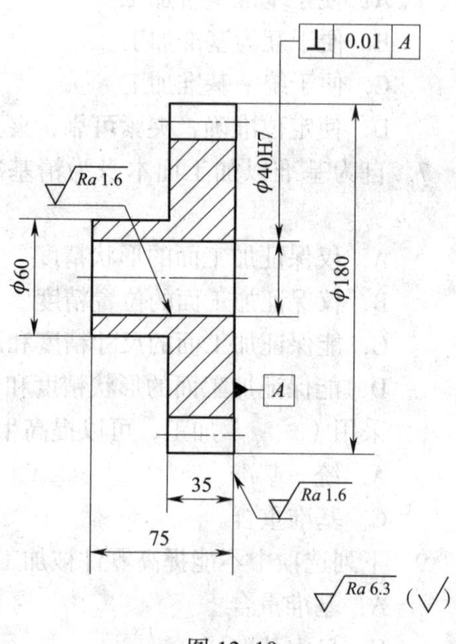

图 12–10

4．加工图 12–11 所示支架（毛坯为铸件）时，如何选择粗基准和精基准？试简要说明理由。

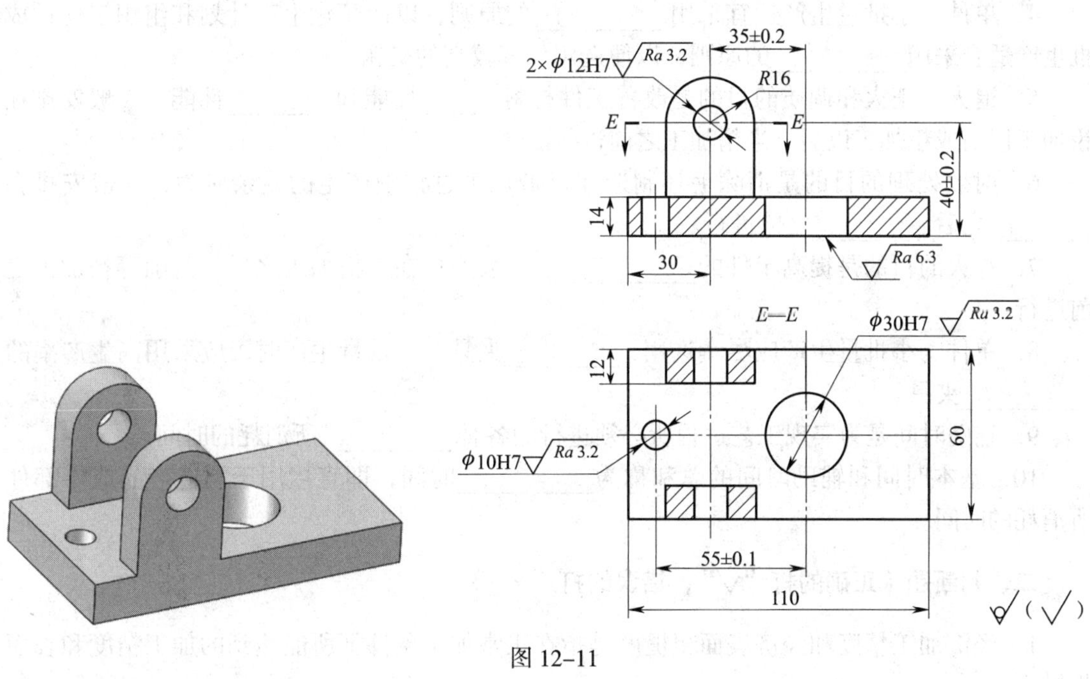

图 12–11

课题六　工艺路线的拟定

一、填空题（将正确答案填写在横线上）

1. 在拟定零件的工艺路线时，首先要确定各表面的__________和__________。

2. 在确定加工方法时，应根据工件每个加工表面的技术要求选择与经济精度相适应的__________和__________。

3. 粗加工后，工件残余应力大，一般要安排______的热处理工序。

4. 单件、小批量生产适宜采用__________的原则，以便简化生产计划和组织工作；成批生产适宜采用__________的原则，以便选用效率较高的机床。

5. 退火、正火和调质的目的是改善工件材料______性能和________性能，一般安排在粗加工以前或粗加工以后、半精加工之前进行。

6. 时效处理的目的是消除毛坯制造和机械加工过程中产生的残余应力，一般安排在________之后、________之前进行。

7. 淬火的目的是提高工件的__________，一般安排在半精加工之后、磨削等精加工之前进行。

8. 单件、小批量生产应尽量选用__________夹具，大批量生产时，应采用高生产率的__________夹具。

9. 辅助时间是为实现工艺过程所必须进行的各种__________所消耗的时间。

10. 基本时间和辅助时间的总和称为__________时间，即直接用于制造产品或零部件所消耗的时间。

二、判断题（正确的打“√”，错误的打“×”）

1. 经济加工精度和经济表面粗糙度是指在正常加工条件下所能达到的加工精度和表面粗糙度。（　　）

2. 经淬火后的表面一般应采用磨削加工。（　　）

3. 精加工阶段的主要问题是如何获得高的生产效率。（　　）

4. 粗加工阶段主要考虑的问题是获得较高的加工精度和表面质量。（　　）

5. 光整加工的主要目标是提高尺寸精度，减小表面粗糙度值，但一般不用来提高位置精度。（　　）

6. 对于尺寸大的重型零件，一般采用工序分散的原则划分工序。（　　）

7. 若零件的位置精度要求较高，则采用工序集中的原则，可以一次装夹中加工，保证较高的位置精度。（　　）

8. 任何零件的加工过程，总是先对定位基准面进行粗加工和半精加工，必要时还要进行精加工。（　　）

9. 对箱体类、支架类、机体类等零件，平面轮廓尺寸较大，用平面定位比较稳定、可靠，故一般先加工平面，再加工孔和其他尺寸。（　　）

10．消除残余应力热处理最好安排在粗加工之后、精加工之前进行。（　）

11．单件、小批量生产尽量选用专用夹具，大批量生产尽量采用通用夹具。（　）

12．单件、小批量生产尽量采用通用量具，大批量生产应采用各种量规和一些高效的专用夹具。（　）

三、选择题（将正确答案的代号填写在括号内）

1．精加工外圆使用的主要加工方法是（　）。

A．车削　B．铣削　C．刨削　D．磨削

2．使每个工序中包括尽可能多的工步内容，因而使总的工序数目减少，夹具的数目和工件安装次数也相应减少，称为（　）。

A．工序集中　B．工序分散　C．工步集中　D．工步分散

3．对零件上精度和表面质量要求很高的表面，需进行（　）。

A．粗加工　B．半精加工　C．精加工　D．光整加工

4．零件加工中，去毛刺、清洗、退磁、涂油防生锈属于（　）工序。

A．热处理　B．辅助　C．检验　D．起始

5．成批生产中，划分工序时通常（　）。

A．采用分散原则　B．采用集中原则

C．视具体情况而定　D．随便划分

6．最终热处理一般安排在（　）。

A．粗加工前　B．粗加工后

C．精加工后　D．精加工前

7．对于加工内容不多的工件，划分工序时常（　）。

A．按所用刀具划分　B．按安装次数划分

C．按粗、精加工划分　D．按加工部位划分

8．对于加工表面多而复杂的工件，划分工序时常（　）。

A．按所用刀具划分　B．按安装次数划分

C．按粗、精加工划分　D．按加工部位划分

9．下列平面加工方案中，加工精度最高，表面粗糙度值最小的为（　）。

A．粗车→半精车→精车　B．粗刨→精刨→刮研

C．粗铣→精铣→磨削→研磨　D．粗铣→精铣→刮研

四、简答题

1．选择工件表面加工方法时主要考虑哪些因素？

2．零件的加工过程一般要经过哪几个阶段？各阶段的目的是什么？

3．划分加工阶段的原因有哪些？

4．安排机械加工工序时应遵循哪些原则？

5．切削用量是否合理的标准是什么？

6．确定进给速度的原则有哪些？

课题七　加工余量的确定

一、填空题（将正确答案填写在横线上）

1．加工余量是指加工过程中从加工表面切去的＿＿＿＿＿＿厚度。加工余量主要分为＿＿＿＿＿和＿＿＿＿＿两种。

2．工序余量是相邻两工序的＿＿＿＿＿之差，即在一道工序中从某一加工表面切除的＿＿＿＿厚度。

3．当工序尺寸用公称尺寸计算时，所得到的加工余量称为＿＿＿余量。

4．对于内孔、外圆等回转表面，其加工余量是＿＿＿余量，即相邻两工序的＿＿＿差。

5．对于被包容面，公称余量是前工序和本工序＿＿＿＿＿之差；最小余量是指前工序＿＿＿＿＿尺寸和本工序＿＿＿＿＿尺寸之差，是保证该工序加工表面的精度和质量所需切除的最小厚度。

6．工序尺寸的公差一般分布在工件的“入体”方向，故对被包容表面（轴），工序公称尺寸是＿＿＿尺寸；对于包容面（孔），工序公称尺寸是＿＿＿尺寸。

7．当几何误差和尺寸公差之间的关系是＿＿＿原则或＿＿＿＿＿原则时，尺寸公差不控制几何误差。

8．毛坯尺寸与零件图样的＿＿＿＿＿之差称为加工总余量。

9．经验估算法是工艺人员根据积累的＿＿＿＿＿来确定加工余量的方法。

10．分析计算法是通过对影响＿＿＿＿＿的各种因素进行分析，然后根据一定的计算关系式来计算加工余量的方法。

二、判断题（正确的打“√”，错误的打“×”）

1．由于毛坯制造过程和各工序尺寸都存在误差，因此加工余量是个变动值。　（　　）

2．对于非对称的加工表面，加工余量都是双边余量。　（　　）

3．余量公差即加工余量的变动范围，等于前工序与本工序工序尺寸公差的和。（　　）

4．加工余量的大小对于零件的加工质量、生产效率和生产成本均有较大的影响。　（　　）

5．为了能消除前道工序加工后产生的几何误差，本工序的加工余量应比前工序的几何误差值小。　（　　）

三、选择题（将正确答案的代号填写在括号内）

1．单件、小批量生产时确定加工余量的方法是（　　）。

A．查表修正法　　B．经验估算法

C．分析计算法　　D．对比法

2．回转体表面的加工余量是（　　）。

A．相邻两工序的半径差　　B．单边余量

C．工序余量　　　　　　　　　　　　D．双边余量

3．毛坯尺寸的公差一般按（　　）标注。

A．双向对称分布　　　　　　　　　B．上极限偏差为零

C．下极限偏差为零　　　　　　　　D．任何方式皆可

四、简答题

1．什么是加工余量？影响加工余量的因素有哪些？

2．确定加工余量的方法有哪些？

课题八　工序尺寸及公差的确定

一、填空题（将正确答案填写在横线上）

1．最终工序尺寸公差等于______公差，表面粗糙度为______表面粗糙度。其他工序公差和表面粗糙度按此工序加工方法的______精度和________表面粗糙度确定。

2．最后一道工序按__________公差标注，其余工序尺寸按__________原则标注。

3．尺寸链一定是________的且各尺寸按一定的顺序__________。

4．每个尺寸链必须有且仅能有______个封闭环。

5．在工艺尺寸链的建立过程中，首先要做的工作就是正确确定______环，然后就是查找出所有的组成环。

6．查找组成环必须掌握的基本要点：组成环是加工过程中“______获得”的，而且对______有影响。

7．尺寸链计算方法有______法和______法两种。______法适用于组成环环数较少的尺寸链计算，而______法适用于组成环环数较多的尺寸链计算。

8. 封闭环的公称尺寸等于所有______公称尺寸之和减去所有______公称尺寸之和。

9. 封闭环的上极限尺寸等于所有增环的____极限尺寸之和减去所有减环的____极限尺寸之和。

二、判断题（正确的打“√”，错误的打“×”）

1. 工序尺寸及其公差的确定仅取决于设计尺寸、加工余量及各工序所能达到的经济精度，与其他条件无关。（　　）

2. 当工序基准、测量基准、定位基准或编程原点与设计基准重合时，工序尺寸及其公差直接由各工序的加工余量和所能达到的精度确定，其计算方法是由最后一道工序开始向前推算。（　　）

3. 一个工艺尺寸链中只有一个封闭环。（　　）

4. 一个工艺尺寸链中至少应有三个环。（　　）

5. 封闭环的下极限尺寸等于所有增环的上极限尺寸之和减去所有减环的下极限尺寸之和。（　　）

6. 当组成尺寸链的尺寸较多时，一条尺寸链中封闭环可以有两个或两个以上。（　　）

7. 组成环是指尺寸链中对封闭环没有影响的全部环。（　　）

8. 封闭环公称尺寸等于各组成环公称尺寸的代数和。（　　）

9. 当所有增环为上极限尺寸时，封闭环获得上极限尺寸。（　　）

10. 要提高封闭环的精确度，就要增大各组成环的公差值。（　　）

三、选择题（将正确答案的代号填写在括号内）

1.（多选）如图 12–12 所示的尺寸链中属于增环的是（　　）。

A. A_1　　B. A_2　　C. A_3

D. A_4　　E. A_5

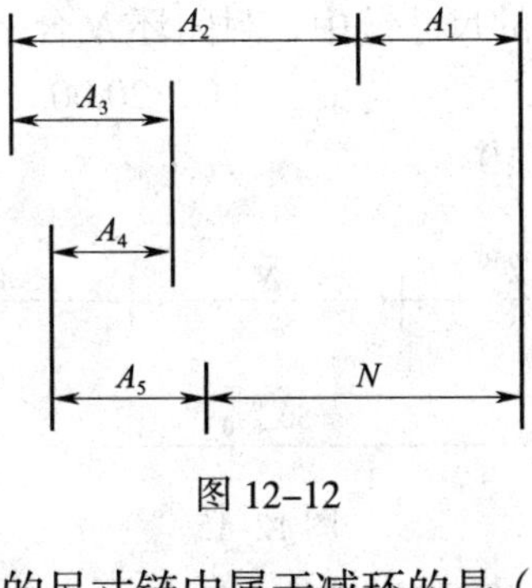

图 12–12

2.（多选）如图 12–12 所示的尺寸链中属于减环的是（　　）。

A. A_1　　B. A_2　　C. A_3

D. A_4　　E. A_5

3.（多选）如图 12–13 所示的尺寸链中属于减环的是（　　）。

A. A_1　　B. A_2　　C. A_3

D. A_4　　E. A_5

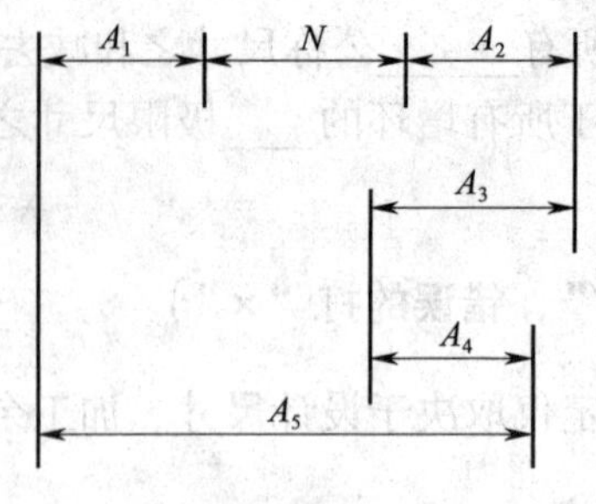

图 12–13

4.（多选）下列选项中对于尺寸链封闭环的确定论述正确的是（　　）。

A．图样中未注尺寸的那一环

B．在装配过程中最后形成的那一环

C．精度最高的那一环

D．在零件加工过程中最后形成的那一环

E．尺寸链中需要求解的那一环

5.（多选）如图 12–14 所示的尺寸链中，封闭环 N 合格的尺寸有（　　）mm。

A．6.10　　B．5.90　　C．5.10

D．5.70　　E．6.20

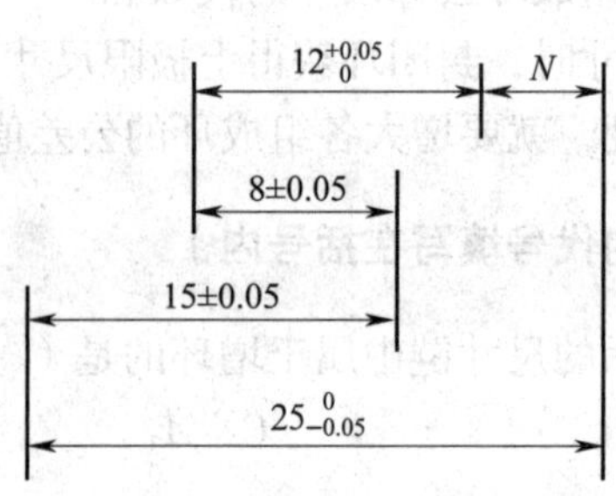

图 12–14

6.（多选）如图 12–15 所示的尺寸链中，封闭环 N 合格的尺寸有（　　）mm。

A．25.05　　B．19.75　　C．20.00

D．19.50　　E．20.10

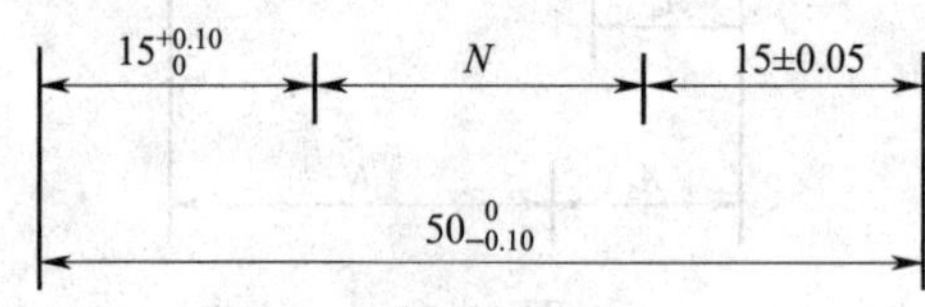

图 12–15

7．在尺寸链计算中，下列选项论述正确的有（　　）。

A．封闭环是根据尺寸是否重要确定的

B．零件中最易加工的那一环即封闭环

C．增环、减环都是上极限尺寸时，封闭环的尺寸最小

D．用极值法解尺寸链时，如果共有五个组成环，除封闭环外，其余各环公差均为 0.10 mm，则封闭环公差要达到 0.40 mm 以下是不可能的

8．最终工序尺寸公差（　　）。

A．等于零件图上设计尺寸公差　　B．与上道工序公差有关

C．按双向对称分布标注　　D．与零件图上设计尺寸公差无关

9．封闭环的确定（　　）。

A．取决于零件图中最精确的尺寸　　B．取决于尺寸是否重要

C．取决于加工方法和测量方法　　D．与加工方法和测量方法无关

10．尺寸链中的每个尺寸称为尺寸链的（　　）。

A．环　　B．增环　　C．减环　　D．封闭环

11．尺寸链中各增环公称尺寸之和减去各减环公称尺寸之和等于（　　）。

A．封闭环公称尺寸　　B．封闭环最大值

C．封闭环最小值　　D．封闭环公差

12．封闭环的公差（　　）各组成环的公差。

A．大于　　B．大于或等于

C．小于　　D．小于或等于

13．基准不重合误差由前后（　　）不同而引起。

A．设计基准　　B．环境温度

C．工序基准　　D．几何误差

14．封闭环是在装配或加工过程的最后阶段自然形成的（　　）个环。

A．三　　B．一　　C．二　　D．多

15．（　　）重合时，定位尺寸即是工序尺寸。

A．设计基准与工序基准　　B．定位基准与设计基准

C．定位基准与工序基准　　D．测量基准与设计基准

16．一个批量生产的工件存在设计基准和定位基准不重合的现象，该工件在批量生产时（　　）。

A．可以通过首件加工和调整使整批零件加工合格

B．不可能加工出合格的零件

C．不影响加工质量

D．加工质量不稳定

四、简答题

1．什么是工艺尺寸链？工艺尺寸链有什么特性？

2. 简述判别减环和增环的方法。

五、计算题

1. 图 12–16a 所示为零件图的部分要求，图 12–16b 所示为铣槽工序图（其他表面均已加工完毕）。试求工序尺寸 H。

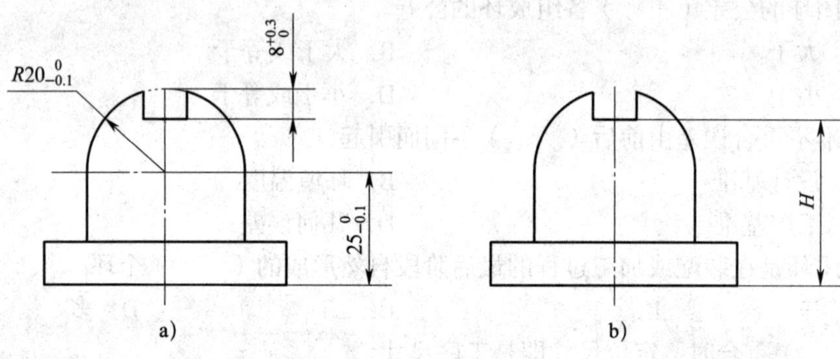

图 12–16

2. 图 12-17a 所示为某零件的轴向尺寸要求，图 12-17b、c 所示为工艺过程中最后两道工序的工序图。试确定 L_1、L_2 和 L_3。

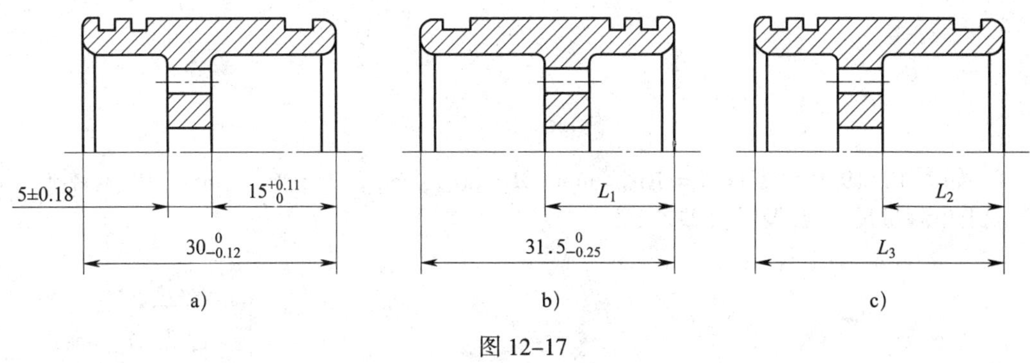

图 12-17

3. 图 12-18a 所示为零件的部分要求，图 12-18b、c 所示为工艺过程中最后两道工序的工序图。试确定 H_1、H_2 和 H_3。

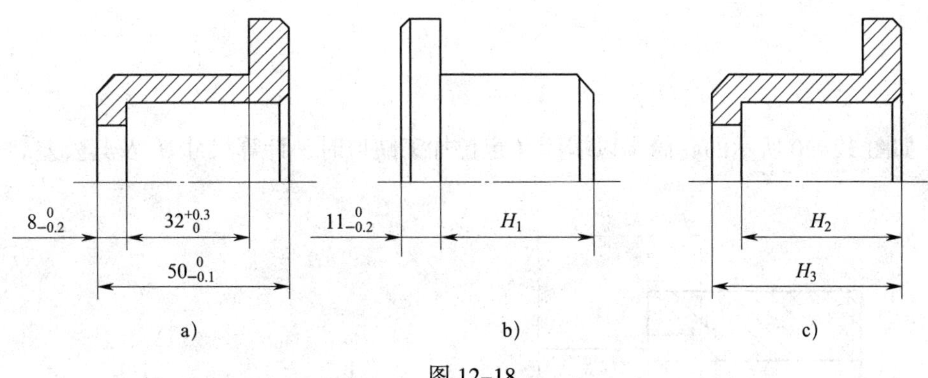

图 12-18

4．如图 12–19 所示零件 $A_1= 70^{-0.02}_{-0.07}$ mm，$A_2= 60^{\ 0}_{-0.04}$ mm，$A_3= 20^{+0.19}_{\ 0}$ mm。因 A_3 不便于测量，试求出测量尺寸 A_4 及其公差。

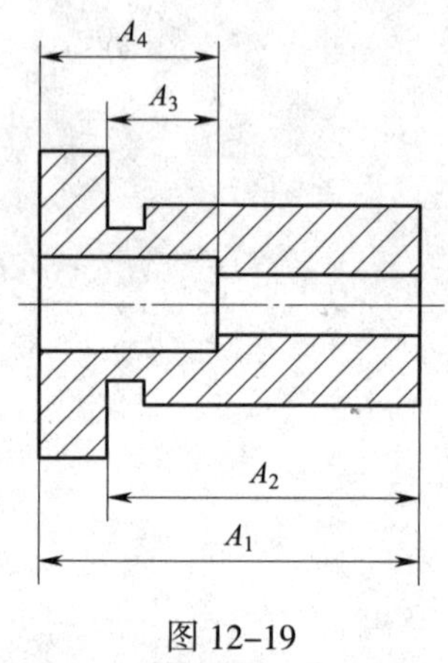

图 12–19

5．如图 12–20 所示的套筒，以端面 A 定位加工缺口时，计算尺寸 A_3 及其公差。

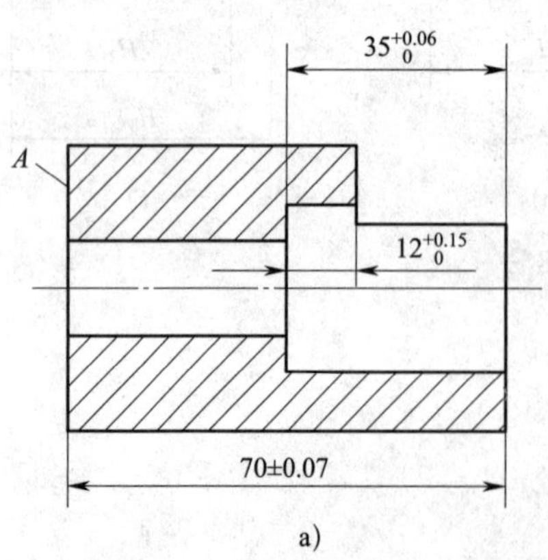

a)

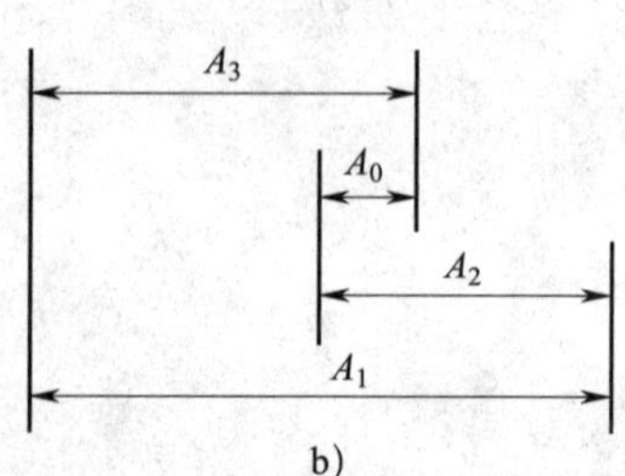

b)

图 12–20

6．加工如图 12–21 所示的轴承套，其 ϕ 30H7 内孔的加工方案为粗车→半精车→粗磨→精磨，试确定各工序余量、加工余量、各工序尺寸及其公差。

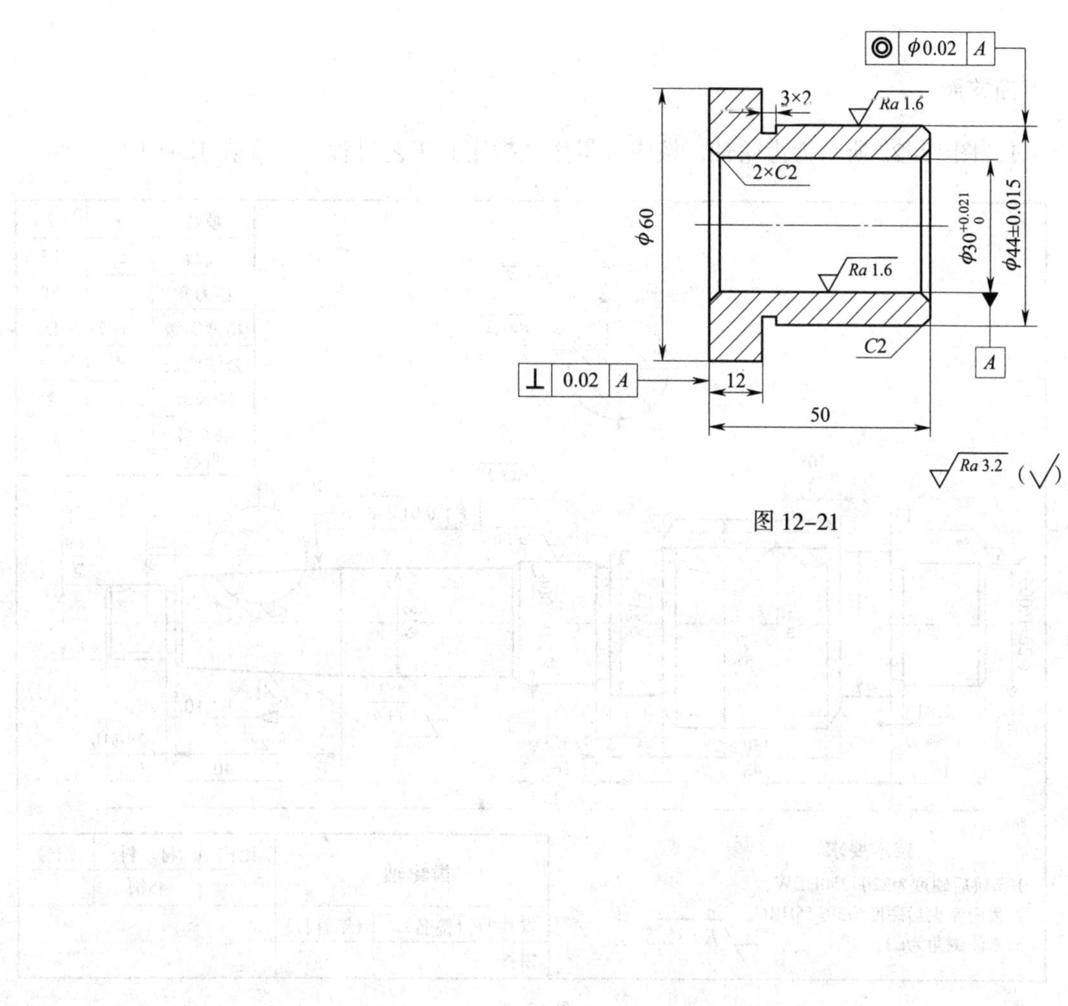

图 12–21

课题九　典型零件的加工工艺

简答题

1. 图 12-22 所示为齿轮轴，按中批量生产拟定其工艺过程，填入表 12-1 中。

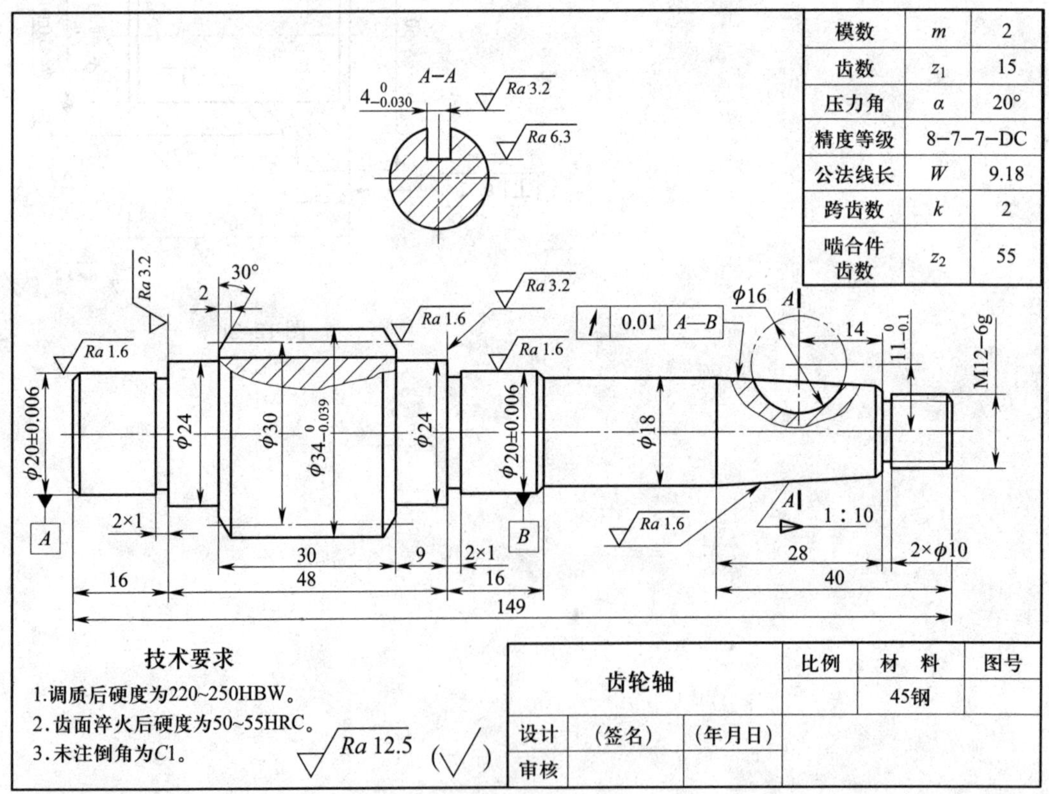

图 12-22

表 12–1

序号	工序名称	工序内容	定位基准	加工设备

2．图 12–23 所示为砂轮卡盘体，材料为 HT200 铸件，毛坯尺寸为 ϕ96 mm×53 mm。按单件生产拟定其工艺过程，填入表 12–2 中。

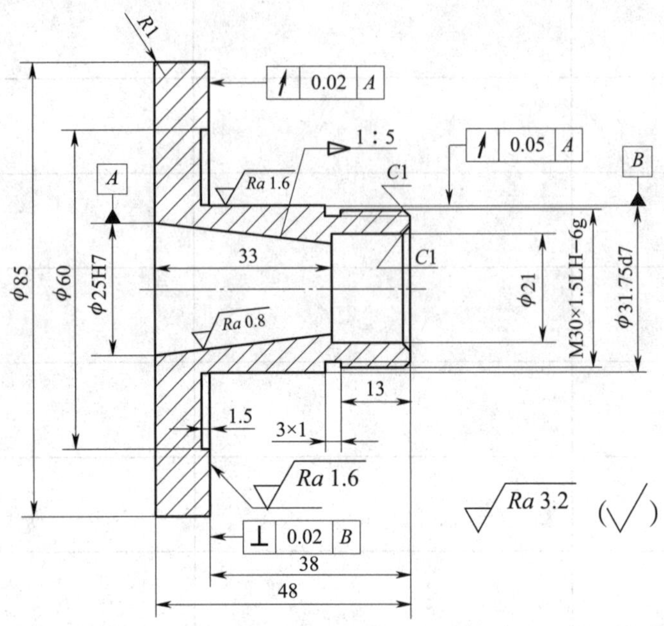

技术要求

1.锥度1∶5内圆锥面用涂色法检验，接触面在全长上不少于60%。

2.未注倒角为C0.2。

图 12–23

表 12–2

序号	工序名称	工序内容	定位基准	加工设备

续表

序号	工序名称	工序内容	定位基准	加工设备